U0312896

食品安全

科学监管与多元共治
创新案例

绍兴市市场监督管理局
北京东方君和管理顾问有限公司　联合课题组◎著

中国言实出版社

图书在版编目（CIP）数据

食品安全科学监管与多元共治创新案例 / 绍兴市市
场监督管理局，北京东方君和管理顾问有限公司联合课题
组著 . -- 北京：中国言实出版社，2019.6

ISBN 978-7-5171-3139-7

Ⅰ.①食… Ⅱ.①绍…②北… Ⅲ.①食品安全—监
管制度—案例—中国 Ⅳ.① TS201.6

中国版本图书馆 CIP 数据核字（2019）第 098650 号

责任编辑：曹庆臻
责任印制：佟贵兆
封面设计：杰瑞设计

出版发行　　中国言实出版社

　　　地　　址：北京市朝阳区北苑路 180 号加利大厦 5 号楼 105 室
　　　邮　　编：100101
　　　编辑部：北京市海淀区北太平庄路甲 1 号
　　　邮　　编：100088
　　　电　　话：64924853（总编室）　64924716（发行部）
　　　网　　址：www.zgyscbs.cn
　　　E-mail：zgyscbs@263.net

经　　销　　新华书店
印　　刷　　北京温林源印刷有限公司
版　　次　　2019 年 6 月第 1 版　　2019 年 6 月第 1 次印刷
规　　格　　710 毫米 ×1000 毫米　1/16　15.5 印张
字　　数　　156 千字
定　　价　　42.00 元　ISBN 978-7-5171-3139-7

本书编委会

主　　　编：王永明

执 行 主 编：张　晓　杨继友

编写组成员：葛立新　郭　坤　周晓菲

　　　　　　马月夏　杜　伟　黄奥博

　　　　　　王乃鑫

序 一

加强食品安全依法治理
确保人民群众"舌尖上的安全"

中国法学会党组成员、副会长 张苏军

食品安全关系人民群众身体健康和生命安全，关系中华民族未来。作为研究法治化框架下的基层食品安全治理体系和能力现代化的案例选编，《食品安全科学监管与多元共治创新案例》付梓出版，这将对加强食品安全依法治理，确保人民群众"舌尖上的安全"起到积极推动作用。

党的十八大以来，以习近平同志为核心的党中央坚持以人民为中心的发展思想，从党和国家事业发展全局、实现中华民族伟大复兴中国梦的战略高度，把食品安全工作放在"五位一体"总体布局和"四个全面"战略布局中统筹谋划部署，在体制机制、法律法规、产业规划、科技创新、监督管理等方面采取了一系列重大举措。近些年来，食品产业快速发展，安全标准体系逐步健全，检验检测能力不断提高，全过程监管体系基本建立，重大食品安全风险得到控制，人民群众饮食安全得到保障，食品安全形势不断好转。但也要深刻认识到，我国食品安全工作仍面临不少困难和挑战，形势依然复杂严峻。比如生产小而散，违法成本低，维权成本高，一些生产经营者唯利是图、主体责任意识不强；新业态、新资源潜在风险增多，国际贸易带来的食品安全问题加深；一些地方对食品安全重视不够，安全与发展的矛盾仍然突出，等等。这些问题影响到人民群众的获得感、幸福感、安全感，也为我们做好工作提出了新课题。

习近平总书记深刻指出，对食品、药品等领域的重大安全问题，要拿出治本措施，对违法者用重典，用法治维护好人民群众生命安全和身体健康。我们要以习近平新时代中国特色社会主义思想为指导，全面贯彻党的十九大和十九届二中、三中全会精神，坚持和加强党的全面领导，坚持以人民为中心的发展思想，紧紧围绕统筹推进"五位一体"总体布局和协调推进"四个全面"战略布局，坚持稳中求进工作总基调，坚持新发展理念，遵循"四个最严"要求，建立食品安全现代化治理体系，提高从农田到餐桌全过程监管能力，提升食品全链条质量安全保障水平，进一步加强食品安全工作，再接再厉，把工作做细做实。

中国特色社会主义进入新时代，人民日益增长的美好生活需要对加强食品安全工作提出了新的更高要求；推进国家治理体系和治理能力现代化，推动高质量发展，实施健康中国战略和乡村振兴战略，为解决食品安全问题提供了前所未有的历史机遇。在这样的大背景下，《食品安全科学监管与多元共治创新案例》编辑出版恰逢其时。我仔细翻阅了这本书，书中运用案例研究方法，重点对绍兴市近五年来加强食品安全监管、尤其是近两年来创建国家食品安全示范城市的具体做法进行梳理、分析，从监督管理、科技运用、行业自律、全民参与等方面，总结出了许多经验和案例，在一定程度上填补了我国地方食品安全治理体系和能力现代化在实现路径方面的实证研究空白。我希望，绍兴市能够以本书的出版发行为契机，以维护和促进公众健康为目标，牢固树立风险防范意识，强化法治理念，加强食品安全依法治理，加快科技创新步伐，加大检查执法力度，推动形成各方各尽其责、齐抓共管、合力共治的工作格局，切实确保人民群众"舌尖上的安全"。

2019 年 6 月

序 二

绍兴实践：
食品安全战略的基层治理路径

中央党校（国家行政学院）教授、博士生导师 汪玉凯

　　食品安全治理体系与治理能力现代化，是国家治理体系和治理能力现代化的重要组成，是新时代治国理政的一项重大民生工程。近年来，我国把食品安全作为国家治理和社会发展的重大问题，特别是党的十八届三中全会提出全面深化改革，完善中国特色社会主义制度，推进国家治理体系和治理能力现代化的总体要求，并将食品安全纳入公共安全体系，作为国家治理体系的重要组成部分。

　　十八届四中全会从完善食品安全法律法规、综合执法、综合

治理等多角度强调食品安全治理的法治化。十八届五中全会更是在新中国的历史上第一次鲜明地做出了实施食品安全战略的重大决策。2015年10月1日，修订后被称为"史上最严"的《中华人民共和国食品安全法》正式实施，确立了食品安全风险"社会共治"的原则。

尽管这些年来我国不断强化对食品安全的治理，但这方面的问题依然突出，食品安全面临的形势依然严峻，与民众对食品安全的期望还有很大的距离，需要各级政府不断努力，尽快补上这个短板，真正体现执政为民、以人民为中心的理念。

食品安全治理，重点在基层、难点在乡村、支点在社会。因此，基层食品安全治理能力提升是推进食品安全治理体系现代化的关键所在。在此过程中，治理的目标体系、组织体系、结构体系、功能体系、运行体系、监督体系和技术体系等多要素如何相互耦合、共同作用？如何构建政府监管、司法裁判、企业自治、行业自律、媒体监督、消费者参与、技术支撑的现代食品安全治理体系？食品安全战略如何进行顶层设计，并在基层实现路径转换？这些都成为新时代食品安全保障工作必须面对的课题，值得认真研究和回答。

可喜的是，本书通过深度解析绍兴市国家食品安全示范城市创建工作中的七个典型案例，解剖麻雀、以点带面，为我国基层食品安全从监管向治理的范式转变、从战略构想到实施路径的有效转化提供了宝贵的实证案例，填补了地方食品安全治理能力现代化研究的空白。选取的这七个典型案例，既体现了全国共性，也突出了地方个性，体现了顶层设计与地方探索之间的良性互动，从机制性供给、制度性供给、政策性供给方面探索了一套适合基层食品安全治理现代化需要的操作体系。

2019年2月，中共中央办公厅、国务院办公厅印发《地方党政领导干部食品安全责任制规定》，这是第一部关于地方党政领导干部食品安全责任的党内法规，对于推动形成"党政同责、一岗双责，权责一致、齐抓共管，失职追责、尽职免责"食品安全工作格局，提高食品安全现代化治理能力和水平，将发挥重大而积极的作用。绍兴的创新实践在思路、方法、措施三个层面，为全面落实党政领导干部食品安全责任制提供了借鉴。通过这本着眼基层基础的案例报告，我们可以一起探讨食品安全科学监管的衡量方法，以及不同主体选择参与共治的行动方案，并从历史沿循、总体格局、路径省思出发厘清食品安全战略，通过基层食品安全治理能力现代化，实现向整体推进国家食品安全治理体系现代化的路径转换。

2019 年 3 月 12 日

目录

典型案例 ❶

总论

食品安全在全球范围已成为一个重要的公共议题。我国政府将食品安全治理视为关乎民生、经济发展和社会稳定的重大任务，将食品安全监管作为国家层面的工作重心，在顶层立法、政策机制、监管等层面均取得了显著成就。2015 年 4 月 24 日，继 2013 和 2014 年的两轮意见征集和修改之后，全国人大常委会通过了经修订的《中华人民共和国食品安全法》（以下简称《食品安全法》），该法于 2015 年 10 月 1 日起生效，这是我国食品安全工作具有里程碑意义的大事件。

党的十八大以来，以习近平同志为核心的党中央高度重视食品安全问题，重拳严治，以保障人民"舌尖上的安全"。党的十八届三中全会《关于全面深化改革若干重大问题的决定》（以下简称《决定》）中特别指出，应加强食品、药品和生产安全的基层执法。"十三五"规划建议更是将食品安全问题提到国家战略高度，提出"实施食品安全战略，形成严密高效、社会共治的食品安全治理体系，让人民群众吃得放心"。2017 年 2 月，国务院印发《"十三五"国家食品安全规划》，明确了包括全面落实企业主体责任、加快食品安全标准与国际接轨、完善法律法规制度、严格源头治理、严格过程监管、强化抽样检验、严厉处罚违法违规行为、提升技术支撑能力、加快建立职业化检查员队伍、加快形成社会共治格局、深入开展国家食品安全示范城市创建和农产品质量安全县创建行动等11项主要任务。

习近平总书记在不同场合多次强调保障食品安全的重要性，发表了一系列关于保障人民健康安全的重要论述。习近平总书记强调："'民以食为天'，食品安全是重大的民生问题。"习总书记指出，食品安全关系中华民族未来，能不能在食品安全上给老百姓一个满意的交代，是对我们执政能力的考验。老百姓能不能吃得安全，能不能吃得安心，已经直接关系到对执政党的信任问题，对国家的信任问题。

2013年12月，在中央农村工作会议上，习近平总书记明确提出"四个最严"要求，即"食品安全源头在农产品，基础在农业，必须正本清源，首先把农产品质量抓好。要把农产品质量安全作为转变农业发展方式、加快现代农业建设的关键环节，用最严谨的标准、最严格的监管、最严厉的处罚、最严肃的问责，确保广大人民群众'舌尖上的安全'"。

2015年5月29日，习近平总书记在主持中共中央政治局第二十三次集体学习时再次强调了"四个最严"，并提出"加快建立科学完善的食品药品安全治理体系"。

2015年7月17日，在部分省区党委主要负责同志座谈会上，习近平总书记指出："要着力保障民生建设资金投入，全力解决好人民群众关心的教育、就业、收入、社保、医疗卫生、食品安全等问题，保障民生链正常运转。民生工作直接同老百姓见面、对账，来不得半点虚假，既要积极而为，又要量力而行，承诺了的就要兑现。"这一重要论述，强化了食品安全作为重大民生实事的重要性，充分体现了以人民为中心的发展思想。

2016年8月，在全国卫生与健康大会上，习近平总书记从"健康中国"的战略高度对食品安全工作提出了具体要求："推进健康中国建设，是我们党对人民的郑重承诺。各级党委和政府要把这项重大民心工程摆上重要日程，强化责任担当，狠抓推动落实。……要贯彻食品安全法，完善食品安全体系，加强食品安全监管，严把从农田到餐桌的每一道防线。要牢固树立安全发展理念，健全公共安全体系，努力减少公共安全事件对人民生命健康的威胁。……要重视少年儿童健康，全面加强幼儿园、中小学的卫生与健康工作，加强健康知识宣传力度，提高学生主动防病意识，有针对性地实施贫困地区学生营养餐或营养包行动，保障生长发育。要重视重点人群健康，保障妇幼健康，为老年人提供连续的健康管理服务和医疗服务，努力实现残疾人'人人享有康复服务'的目标，关注流动人口健康问题，深入实施健康扶贫工程。"

2016年12月，在中央财经领导小组第十四次会议上，习近平总书记进一步强调，"加强食品安全监管，关系全国13亿多人'舌尖上的安全'，关系广大人民群众身体健康和生命安全。要严字当头，严谨标准、严格监管、严厉处罚、严肃问责，各级党委和政府要作为一项重大政治任务来抓。要坚持源头严防、过程严管、风险严控，完善食品药品安全监管体制，加强统一性、权威性。要从满足普遍需求出发，促进餐饮业提高安全质量。"

2017年1月，习近平总书记对食品安全工作作出重要指示强调，各级党委和政府及有关部门要全面做好食品安全工作，坚持最严谨的标准、最严格的监管、最严厉的处罚、最严肃的问责，增强食品安全监管统一性和专业性，切实提高食品安全监管水平和能力。要加强食品安全依法治理，加强基层基础工作，建设职业化检查员队伍，提高餐饮业质量安全水平，加强从"农田到餐桌"全过程食品安全工作，严防、严管、严控食品安全风险，保证广大人民群众吃得放心、安心。

党的十九大报告明确指出，中国特色社会主义进入新时代，我国社会主要矛盾已经转化为人民日益增长的美好生活需要和不平衡不充分的发展之间的矛盾。这一重要论断反映了我国社会发展的巨大进步，反映了发展的阶段性特征，对党和国家工作提出了新要求。当前，随着我国城乡居民收入水平和社会保障水平的不断提高，居民的消费结构从生存型向发展型和享受型转变，人民对美好生活的需要，对食品安全与营养健康提出了更高要求。

面对全面深化改革的大潮，2014年国务院食品安全委员会决定以"国家食品安全示范城市创建"为抓手，先后确定了三批共67个试点城市，以"社会认可，群众满意"为终极目标，试点先行、逐步推进、全面深化、整体提升，加强食品安全责任制的有效落实、加快健全监管体系，提升地方政府的治理能力和食品安全治理现代化水平。同时，以我国深化行政管理体制改革、切实转变政府职能为契机，国务院食品安全办公室（以下简称国务院食安办）在国家食品安全示范城市创建工作中引入第三方绩效评估机制，确保创建工作的规范化、科学化和长效化。

北京东方君和管理顾问有限公司在国务院食安办的指导下，承担了试点城市的创建绩效评估工作。四年来，对各试点城市的地方政府食品安全监管责任履行情况、食品相关企业主体责任履行情况和食品安全社会共治推进情况进行了深入研究和全面评价，对关键利益相关方的食品安全责任绩效做出了系统、客观的呈现，并围绕创建中的热点、重点和难点问题开展了案例研究。67个试点城市为摘得"国家食品安全示范城市"这一金字牌匾、为城市和城市人民赢得一张魅力十足的城市新名片，积极探索、创新实践，引领了我国食品安全保障体系和治理体系现代化的初步成功尝试。本书在对67个试点城市进行长期跟踪评价和调查研究的基础上，选取绍兴作为实证样本，采用案例研究的方法，从政府监管责任、企业主体责任和社会共治三大方面"解剖麻雀"，力图分析问题、发现规律、启发思考，进一步揭示新时代食品安全监管与治理领域的新变化，提供新发现，探讨新路径。

1. 场景转换：食品安全监管面临新形势

2015 年以来，在推进法治中国建设的大背景下，以贯彻落实修订后的《食品安全法》为契机，国务院食安办创新工作思路和机制，加快建立健全最严格的覆盖生产、流通、消费各环节的监管制度，完善监管体系，全面落实企业、政府和社会各方责任；以基层为主战场加强监管执法力量和能力建设，以"零容忍"的举措惩治食品安全违法犯罪，以持续的努力确保人民群众"舌尖上的安全"；建立科学完善的食品安全治理体系，严格落实生产经营者主体责任、地方政府属地管理责任，加强源头防范、全程监管、社会共治，依法严把从农田到餐桌的每一道防线，确保广大人民群众吃得放心、吃得安全、吃得健康。

在 2015 年全国食品安全宣传周上，时任国务院副总理、国务院食品安全委员会副主任汪洋强调，企业要增强守法诚信意识，作为食品安全的第一责任人，广大生产经营者要熟悉法律法规对生产经营的各项要求，自觉履行法定责任和义务，建立保证质量安全的内控、溯源、召回等制度，把好产品质量安全关，严密防范食品安全风险；政府要提高依法监管水平，各级地方政府要保障监管工作有责、有岗、有人、有手段，落实属地管理法定职责，部门之间要紧密配合、协调联动，加强食品从生产到流通到消费监管的无缝衔接，把好食品从农田到餐桌的每一道防线；公众要依法维权参与治理，坚持食品安全工作的群众观，拓展社会公众参与食品安全治理的有效途径，充分调动社会各方面的积极性，切实加强社会共治。

国务院食安办于 2014 年 7 月下发《国家食品安全城市创建工作方案（草案）》，先后确定了三批试点城市：

第一批 15 个试点，包括：济南、青岛、烟台、威海、潍坊、石家庄、张家口、唐山、西安、宝鸡、韩城、杨凌、武汉、襄阳、宜昌；

第二批 15 个试点，包括：北京、天津、上海、大连、沈阳、长春、南京、杭州、宁波、福州、厦门、广州、深圳、长沙、成都；

第三批 37 个试点，包括：重庆、太原、运城、呼和浩特、乌兰察布、盘锦、延边、哈尔滨、佳木斯、南通、绍兴、合肥、马鞍山、莆田、南昌、新余、郑州、许昌、张家界、佛山、南宁、钦州、海口、泸州、贵阳、六盘水、昆明、曲靖、拉萨、林芝、兰州、嘉峪关、西宁、银川、石嘴山、乌鲁木齐、哈密。

从 2014 年 7 月第一批 4 个省 15 个试点城市起步，到 2015 年 9 月第二批增加到 11 个省（市）15 个试点城市，再到 2016 年 5 月第三批已扩大到 24 个省（区、市）37 个试点城市。截至目前，国家食品安全示范城市试点累计达到 31 个省（区、市）67 个城市，覆盖了全国所有的省会城市、计划单列市及部分基础较好的地级市。

2015 年 4 月，国务院食安办出台《国家食品安全城市创建试点工作中期绩效评估工作方案》及实施细则，采用委托第三方评估的方式，确保评估的科学性、公正性和客观性。自此，东方君和协同国务院食安办研发国家食品安全示范城市创建绩效评估体系，在应用理论、政策法规依据、实务操作方面开展科学严谨的基础工作。同时，对试点城市创建工作的中期绩效进行了现场评估、问卷调查、大数据分析和典型案例研究，参与了首批国家食品安全示范市的综合评议工作。

2017年12月，国务院食安办出台《国家食品安全示范城市标准（修订版）》（以下简称《标准（修订版）》），各试点城市对照《标准（修订版）》要求的19个关键项、21个基本项、8个鼓励项、5个否决项，全面对标贯标，开展并深化创建工作。《标准（修订版）》成为我国食品安全工作方针的重要风向标，它标志着我国食品安全领域开始运用全新的政策"工具箱"来落实企业负主责、部门履行监管责任、地方政府负总责的食品安全责任制，并构建最严格的覆盖全过程的监管制度。新的政策"工具箱"包含了法律、标准、风险管理、监管、农业、追溯体系、社会共治等七大要素，融入了政府监管责任、企业主体责任和社会共治三大层面。七大要素也是修订后的《食品安全法》施行以来监管政策创新的亮点和重点，体现了我国食品安全监管与治理逐步迈向科学化、现代化的新特点。

修订后的《食品安全法》颁布实施以来，监管环境、市场环境、社会环境均取得较大提升，但食品安全监管、食品安全治理和食品安全状况的基本面未发生根本性改变，复杂的食品产业链、多元的消费需求、新兴的网络技术等，使《食品安全法》的成功实施和监管的转型升级面临着诸多挑战。而另一方面，国家"十三五"规划的第六十章《推进健康中国建设》中提出，"保障食品药品安全，实施食品安全战略"，从宏观角度讲，食品安全监管与治理在政策层面和战略层面均迎来了根本性转变。面向国家和民族长远发展的未来，在健康中国战略实施过程中，食品安全监管与治理也将在更高水平和更高层次上形成接轨国际规则、具有中国特色的中国方案。

综上所述，法律、监管、市场、社会、技术及商业模式等不断变化，食品安全监管的要素、场景随之变化。面对挑战、寻找方案，便是国家食品安全示范城市创建过程中试点城市承担的历史使命。

2. 治理升级：食品安全监管呈现新动态 ✍

综合分析三批国家食品安全示范城市创建试点的绩效表现，可以发现，我国食品安全监管政策经过近年来的发展已逐渐趋于成熟、完备，基本形成了企业负主责、部门履行监管责任、地方政府负总责的食品安全责任制，政府对"从农田到餐桌"全链条进行监管的执法主体和执行部门逐渐明确，尤其在政府监管责任、企业主体责任、社会共治三个层面取得了显著的进展。

2.1 地方政府责任落实推进情况

——党政同责落实情况良好。自创建工作开展以来，各试点城市的党委、政府食品安全责任意识明显增强，"党政同责"机制基本建立，较好地敦促了各部门的责任落实，把食品安全保障工作与其他相关工作有机结合，体现了系统思维。总体上，各试点城市的党政领导干部均把食品安全示范城市创建当作城市建设的重要抓手、各项工作提升的重要载体，同时也作为政府关注民生、保障民生的群众感知平台。

——组织保障力度不断加大。各试点城市均规范设立了食品安全委员会办公室，食安办成员机构之间的横向联动较好，但协同的效率和质量仍有提升空间，主要原因在于不同部门自有的工作标准衔接问题。同时，信息互联连通的技术应用不到位也是影响因素之一。

——"四有"落实基本到位。各试点城市均实现了基层监管有责、有岗、有人、有手段（即"四有"），基层监管机构在经费和编制上的保障情况较好，基层所的硬件设施配备基本到位，工作制度健全，但制度执行情况仍有较大提升空间，基层人力资源结构也需进一步优化，提高专业人才比例。

——"两责"落实提升较大。各试点城市均强化日常监管责任和监督抽检责任（即"两责"）的落实，普遍来看，监督抽检责任的落实优于日常监管责任的落实。区县一级围绕"两责"落实，积极探索形成清晰、规范的工作规程和作业标准，但仍需加快信息化建设，并加强应用，进一步固化工作程序和标准，提高监管效能。

东方君和的评估分析表明，食品安全纳入政府年度目标考核内容、食品安全城市创建的品牌荣誉感、引入第三方评估机制、政务信息公开机制、社会公众关注度提升等五大因素，是政府创建责任落实的最主要驱动力。

创建工作开展以来，各试点城市的党委、政府对于食品安全城市创建高度重视，但对于食品安全治理目标和实现路径，仍缺乏清晰的路线图，也未能充分体现"预防为主，消费者优先"的

表1　政府监管责任绩效表现

关键指标	核心发现	状态
组织力度	组织体系较为健全，党政同责的工作机制基本建立，但横向协作和整体效能有待提升。	😄
保障力度	机构编制、经费、装备等保障基本较好，创建工作保障体系健全，运行水平和质量有大幅度提升，但受机构改革影响，试点期间各试点城市的监管体制有所不同，对责任落实和监管效能的发挥有一定的制约。	😐
执法力度	执法力度明显加强，尤其对"有案不立、有案不移、以罚代刑"的问题整治力度很大，但在具体操作中，标准的滞后或缺失导致民事、行政、刑事的判定过程中效率、效能不高。	😄
创新力度	各地政府创新意识有很大提升，但在创新能力、创新举措的针对性和有效性，创新成果转化应用等方面有待提升。	😐

现代监管理念。现阶段，我国"分段监管"的方式由于受到法律、标准、职能设计、信息共享等诸多因素的制约，未能明显体现出整合协同效应。评估结果表明，在监管模式方面，整合的体制与垂直的体制在运行效率上没有明显区别，说明任何符合我国国情的监管模式均是可行的，关键在于不断细化监管工作，强化执行力，提高监管效力，提高食品安全保障水平。

2.2 企业主体责任落实推进情况

自创建工作开展以来，企业主体责任落实普遍有较大提升，尤其对创建的知晓度、支持度、认可度普遍很高，但参与度仍然有限，主要受企业主体能力和资源限制，仅大企业的参与度较高。

在食品安全责任意识、相关投入、制度建设、培训等方面，两极分化很大。大企业在采购管理、供应商资质管理、生产管理、安全管理、从业人员管理、培训管理、追溯制度、自检制度等环节比较健全完善。中小企业在观念意识、资金投入、技术能力、管理基础、人才等方面较薄弱。主体责任的落实程度直接受监管强度和密度的影响。

各地普遍存在食品生产经营户数量大、较分散、规模小、单品售卖、利益驱动、缺乏有效培训等问题，导致监管难和监管不到位等现象。东方君和评估组结合国抽、省抽、市抽的监督抽检结果和实地抽样验证，评估分析结果显示，规模型生产、流通主体的食品安全总体状况普遍良好，"三小"（小作坊、小餐饮店、小食品摊点）以及农产品集贸市场、批发市场的食品安全状况普遍相对较差；校园及校园周边的食品安全治理措施到位，但仍是持续加强监管的重点部位；农业龙头企业、合作社、基地等种植养殖企业（户）的操作规范较好，但源头追溯有待加强；网络订餐的法规政策、技术手段等仍待完善；运输（在途）的监管存在空白；食品相关产品（尤其是外卖的包材）、餐饮具集中消毒等环节亟待加强监管。

评估结果表明，严管、严查、严惩的制度体系，食品安全示范城市创建的宣传音效，消费者权益意识的崛起，市场竞争加剧，企业的商业伦理与社会责任意识增强，这五大因素是企业主体责任落实的最主要的驱动力。

现阶段，落实企业主体责任的关键，在于严格监管、产业提升和诚信体系建设这三个要素。各试点城市均重视提升食品产业集中度、提升产业转型升级的发展水平。其中，加强龙头企业、大型企业的监管力度和风险管控至关重要，尤其要采取更严格的抽检和惩治政策，引导龙头企业、大型企业完善信息公开制度，建立可追溯的食品安全体系。

未来，我国食品产业规模化企业与中小型特色食品加工企业将长期并存。主导性食品种类将向规模化、集约化方向发展；地方特色食品种类将向卫生、营养、标准化方向发展；区域不平衡、城镇化发展和社会分工进一步细化，将加大食品产销分离带来的安全风险；种植养殖领域的规模化、集中化发展也将与小农户长期并存。在此情况下，诚信体系建设对于企业主体责任落实意义重大，只有建立企业信用记录制度、信用信息公示与共享制度、诚信激励机制、信用预警机制、失信惩戒机制等，让市场声誉机制充分发挥作用，才能有效推动复杂、多变环境下的企业主体责任落实。

表 2　企业主体责任绩效表现

关键指标	核心发现	状态
追溯制度	评估中被抽查企业均建立了追溯制度，但制度执行情况参差不齐，主要受企业管理基础、技术手段等因素影响。	😐
召回制度	评估中被抽查企业均建立了召回制度，但普遍存在制度执行不到位的问题，主要原因是召回相关法律制度不完善、缺乏实施细则、检测鉴定结果的权威性和时效性不强、消费者主动意愿不足或认知度不够。	☹️
培训	培训是企业主体责任落实中的一项短板，企业对法律和标准的认知度、理解度较低，法律意识普遍淡薄。	☹️
良好行为规范	规模以上食品生产企业和流通企业普遍建立了食品安全管理制度及相关管理规范，但制度执行普遍不到位。	😐

2.3 社会共治推进情况

各试点城市食品安全社会共治的格局基本形成，呈现出政府、企业、公众三方聚力促进创建工作的良好氛围。由于食品安全示范城市创建被列为地方政府现阶段的工作重点之一，所以也成为舆论关注的焦点和群众关心的热点。群众普遍认为，食品安全示范城市创建工作是实实在在为民办事的典范，认同度和支持度很高。

分析表明，对政府职能转变的要求、对政府绩效评估方式的改革、食品安全示范城市创建的宣传引导、现代信息技术发展与公众参与的便捷性、城市管理水平这五大因素，成为促进社会共治的最主要驱动力。

自创建工作开展以来，各试点城市高度重视食品安全社会共治，尤其注重把社会公众对食品安全示范城市创建的关注度及群众满意度作为改善民生的晴雨表。但基于政府、市场、社会的社会共治参与机制尚未真正形成，地方政府高度重视群众满意度，但普遍未能积极回应公众需求。这与社会共治的制度设计和地方政府的治理能力有较大关系。

以2016年实施的第二批试点城市中期绩效评估为例，数据分析表明，城乡居民对大中型超市、餐饮和便利店的满意度相对较高，平均满意度达到67.7%；对小型餐馆、小摊贩和农贸市场满意度较差，平均满意度为41.4%；对网络订餐，满意度居中，为52.9%。食品安全总体满意度为59.6%。分析表明，消费者对食品安全的关注度很高，但总体满意度不高，尤其对乳制品、肉类、保健品、熟食的评价不乐观，对蔬菜、水果、糕点、糖果的放心程度较高。

评估中有三个重要发现。首先，消费者对食品安全状况的评价与行业食品安全的真实状况并不一致，由于存在信息不对称，消费者对未被媒体曝光、但有着潜在不安全因素的食品不知情，也会给出较高的评价；相反，对于媒体曝光、渲染的食品安全事件，消费者会表现出对相应产品、品类、行业缺乏信心，给出较低的评价。这说明风险交流是提升食品安全公众满意度的重要举措。其次，国家食品安全示范城市创建的相关宣传提高了消费者

表3　食品安全社会共治绩效表现

关键指标	核心发现	状态
消费者参与	消费者有较强的参与食品安全共治的意愿，且愿意以宣传知识和举报的方式参与的居多，参与途径和方式较单一。2016 年公布的《消费者权益保护法实施条例》（征求意见稿）对消费者投诉举报、民间维权组织的公益诉讼等做出细化，利于消费者参与。	（﹏）
第三方专业机构	国家食品安全示范城市创建绩效评估引入第三方机构，是食品安全治理结构中构建"看门人"机制的一项创新举措。第三方机构具有专业性、独立性、客观性、公信力等特征，随着我国法律制度体系的完善，将日益成为多元化社会监督机制的重要组成部分。	（︶︶）
行业自律	行业协会受自身建设、职能转型等因素的影响，未能充分发挥与政府及消费者，或消费者之间的协调功能。协会应鼓励并引导企业开展以诚信为核心的文化建设，加强道德伦理教育，营造法律与道德约束相辅相成的行业发展环境。	（︶︶）
媒体监督	媒体监督作用有较大加强，但仍需鼓励媒体监督与规范媒体报道并重，提倡负责任的媒体报道，发挥媒体在食品安全法规和知识普及方面的正向作用，增加消费者的心理安全感，避免误导消费者。	（﹏）

对政府在食品安全方面的工作的认可度，但消费者对食品安全监管状况仍然了解较少，导致对食品安全环境改善的信心不足、信任较低，成为影响食品安全公众满意度的另一个关键因素。第三，消费者对食品安全问题的认知和态度受到媒体宣传、知识获取、消费水平等因素的影响，作为社会共治的重要参与者，其参与度和参与能力也直接影响满意度水平。

自创建工作开展以来，围绕《标准（修订版）》的 48 项指标，东方君和对我国新的食品安全政策"工具箱"进行了应用效果分析，分析结果客观反映了 67 个试点城市在关键环节、关键成功

表 4　食品安全政策"工具箱"应用效果评估

关键要素	核心发现	状态
法律	**现状描述：**创建工作坚持以《食品安全法》为基本法律框架，大大提升了依法监管水平，加强了执法力度。目前，该法培训的时效性有待提升。 **趋势分析：**《食品安全法》在引入民事、行政和刑事犯罪的惩戒性处罚方面比以往的法律法规更加严格，是对食品安全信心的一大提振，但在实施细则尚未出台之前，该法执行的力度和效果有待观察。同时，在地方立法的进展和配套法律体系的健全及可操作性上有待改进。	☺
标准	**现状描述：**创建工作的深入推进，促进了相关标准的落地、执行。按照国家统一规划部署，过时标准的整合与废止工作在 2015 年内完成，另据国务院办公厅	☺

关键要素	核心发现	状态
标准	《2016 年食品安全重点工作安排》，需建立并公布食品安全国家标准目录、地方标准目录。其中，由原国家卫生计生委、原农业部会同各省级人民政府负责加快制定修订一批重点食品安全标准和农药兽药残留标准，由原国家卫生计生委、原农业部、原食品药品监管总局、原质检总局等负责实施和加快完善我国农药残留标准体系的工作方案（2015—2020 年），由原农业部、原国家卫生计生委会同原食品药品监管总局负责组织实施国家食品安全风险监测计划。目前，需重点解决标准重复、交叉和矛盾的问题。另外，标准的宣贯和执行明显滞后。 **趋势分析：** 我国将进一步加快食品安全国家标准和地方标准体系的优化建设，建立健全食品安全国家标准制定、调整、公布工作机制，加强标准跟踪评价，强化标准制定工作与监管执法工作的衔接。目前，地方政府在执行新法规、新标准过程中较以前有了更大的自由裁量权，地方政府执行的透明度和准确度、标准体系的理顺与整合、标准制定的依据和方法等，成为影响食品安全责任落实的重要因素，是创建工作的重点和难点之一。	😕
风险	**现状描述：** 在创建过程中，试点城市均围绕风险评估、风险沟通、风险管理进行了积极探索，取得了初步成效。但风险管理总体上很薄弱，企业的风险管理意识及水平较低。 **趋势分析：** 在国际上，追溯性导向的食品安全风险评估模式正在向预防性导向风险评估模式发展，风险分析技术快速升级换代，食品安全管理框架体系也将随时发生演变。现在和未来，我国需重点针对事前、事中两大环节，研发、应用有效的风险测评工具，完善风险评估、风险沟通、风险管理三位一体的食品安全风险管理框架体系，提高食品供应链的协同风险管控能力，建立基于科学评估的食品安全治理及决策系统。	😕

总论

（续表）

关键要素	核心发现	状态
监管	**现状描述：**创建工作的开展对推进监管机构的体制改革起到了加速和深化的作用，"四有两责"的创建绩效评估要求促使试点城市的市、县（区）、乡镇（街道）、村（社区）四级在监管组织体系上落实到位，但监管资源整合、效能发挥和基层监管能力有待进一步提升。 **趋势分析：**目前食品安全的问题已远远超出传统的食品卫生或食品污染的范围，成为人类赖以生存和健康发展的整个食物链的管理与保护问题。经济形式的变更、产业分工的专业化以及新技术的发展，都决定了食品安全监管是一个不断变化、与时俱进的过程。未来较为完善的食品安全监管体制应包括完善的法律法规、从源头到终端的全过程监管、科学严谨的检测体系、高效快速的追溯体系以及强有力的召回机制。其中，食品召回遵循经济活动中诚实信用的道德准则，在现代食品安全管理中成为日益受到重视的调控手段。我国已建立召回制度，但实施难度较大。	😄
农业	**现状描述：**创建试点城市均建立了农产品产地准入与市场准入衔接机制，为实现"从农田到餐桌"的全程食品安全监管奠定了基础。 **趋势分析：**原农业部2016年已启动《农产品质量安全法》修订的前期准备工作，修订主要从四个方面进行完善：一是贯彻产管并举原则；二是与《食品安全法》衔接；三是推进全程监管；四是强化属地管理责任和企业主体责任。按照我国推进农业现代化的总体部署，推行农业标准化生产、加强农产品质量安全和农业投入品监管、强化产地安全管理、创建优质农产品品牌并支持品牌化营销、健全现代农业科技创新推广体系、加强农业与信息技术融合、发展智慧农业等举措，都将对保障农产品质量安全、提升食品安全保障水平起到积极作用。	😐

关键要素	核心发现	状态
追溯	**现状描述**：创建工作对建立食品安全追溯体系起到较大敦促作用，但科学有效的追溯体系尚待进一步探索、实践。目前食用农产品产地溯源体系和质量标签体系不健全，追溯体系的实施路径和责任分工不明晰，食品生产经营企业的困惑较多，实现追溯的成本也较大。 **趋势分析**：过程控制、检测、追溯及相关技术发展将是未来食品安全领域的关键。在食品安全产业链上，各利益相关者将越来越注重运用现代信息技术，保证产地和农产品生产端及食品加工、流通和消费环节的质量安全，并综合运用检验检测技术、认证技术、食品质量安全标准和政策工具，以求更好地保障食品质量安全，特别是在食品安全领域建设全程溯源云端系统和具有开放性、透明性的检测体系，在食品安全及可持续发展领域探索解决方案及操作路径发挥示范效应。	😞
治理	**现状描述**：创建工作促进了社会共治氛围的形成，但在治理层面，各利益相关者的参与渠道有待拓宽，参与能力亟待提高，地方政府、监管部门与各利益相关者的对话、沟通、合作机制有待创新，产业链上各企业主体的商业伦理与道德水平、社会责任意识亟待强化。 **趋势分析**：在食品安全治理领域，有三个重要视角不容忽视。一是公共治理视角下的食品安全治理，这是国家食品安全示范城市创建的重要视角；二是基于供应链的食品安全治理，目前表现出疲弱之态，安全、负责任、可持续的食品供应链价值理念和协同机制严重缺失；三是互联网环境下的食品安全治理问题，这是亟待加强研究的趋势性课题。	😐

总论

021

因素上的进展，以及实际表现与发展目标之间的差距，也体现出我国食品安全政策具有良好的延续性和稳定性，并逐步与国际接轨。

3. 地方实践：食品安全监管呈现新走向 ✍

改革是由问题倒逼而产生。通过对国家食品安全示范城市创建试点的绩效评估，我们发现存在七个方面的共性问题。

3.1 "从农田到餐桌"的法律法规体系有待完善

修订后的《食品安全法》颁布实施以来，依法监管水平大大提升，执法力度得到很大加强，但仍存在三个方面的突出问题：

第一，《食品安全法》与其他法律、行政法规衔接不畅的问题仍然存在。《食品安全法》涉及市场、行政管理、执法、刑事等部门，但该法并不具备调整跨部门、跨行业等多种社会关系的效力。第二，地方立法进展缓慢，配套法律体系不够健全，导致《食品安全法》中的部分条文在可操作性上有所欠缺。第三，《食品安全法》的司法救济和执法机制有待完善。比如，消费者维权成本高、举证难，使得商家失信行为增加；《食品安全法》与《农产品质量安全法》及相关法规分段立法、部门立法，条款相对分散，调整范围较窄，协调执法的难度较大。另外，我国的立法模式和立法环境导致食品安全法律法规在一些内容上存在冲突和矛盾，且在肥料、牛羊肉屠宰（除生猪屠宰）等影响食品安全水平的一些关键环节尚无法律规章可循。

3.2 食品安全标准体系亟待梳理和升级

截至 2017 年 4 月，原国家卫生计生委会同原农业部、原国家食品药品监督管理总局制定发布了食品安全国家标准 1224 项，包括通用标准 11 项、食品产品标准 64 项、特殊膳食食品标准 9 项、食品添加剂质量规格及相关标准 380 项、食品营养强化剂质量规格标准 29 项、食品相关产品标准 15 项、生产经营规范标准 25 项、理化检验方法标准 227 项、微生物检验方法标准 30 项、毒理学检验方法与规程标准 26 项、兽药残留检测方法标准 29 项、农药残留检测方法标准 106 项、被替代和已废止（待废止）标准 67 项。

另外，按照食品相关标准清理和整合工作安排，原卫计委组织专家和各相关单位对我国食用农产品质量安全标准、食品卫生标准、食品质量以及行业标准进行清理，重点解决标准重复、交叉和矛盾的问题。经清理，1082 项农药兽药残留相关标准转交原农业部进行进一步清理整合；另外 3310 项食品标准中通过继续有效、转化、修订、整合等方式形成现行食品安全国家标准 412 项，建议适时废止标准 57 项，不纳入食品安全国家标准体系的标准 1913 项。

2018 年，国家卫生健康委、国家市场监督管理总局联合发布 27 项食品安全国家标准，包括 5 项食品添加剂标准，11 项食品营养强化剂标准，7 项产品标准和 4 项卫生规范标准；国家卫生健康委、农业农村部、国家市场监督管理总局联合发布 9 项食品安全国家标准。

目前，虽然已初步构建了符合我国国情的食品安全国家标准体系，涵盖 1.2 万余项指标，但是食品安全标准体系的构建与应用仍存在四个方面的突出问题：

第一，标准之间的关联协调性不够，尤其是各地区间的标准协调及与国际标准的关联性较差，给执法带来难度。第二，食品安全强制性标准与质量标准的界限不清晰，一些内容出现交叉、重复或矛盾，给标准的清理、整合工作带来难度。根据国务院《深化标准化工作改革方案》（国发〔2015〕13 号文件）对我国标准化管理体制改革的要求，目前对食品安全强制性标准和推荐性标准的划定缺乏有力依据，强制性标准与推荐性标准未进行分类管理。第三，一些重要的标准缺失较大。比如，检验方法标准欠缺，食品生产类标准基础较弱，与国际标准差距较大。第四，修订标准的科学评估基础薄弱。《食品安全法》第二十八条规定："制定食品安全国家标准，应当依据食品安全风险评估结果并充分考虑食用农产品安全风险评估结果，参照相关的国际标准和国际食品安全风险评估结果，并将食品安全国家标准草案向社会公布，广泛听取食品生产经营者、消费者、有关部门等方面的意见。"但在实际运行中，存在风险评估数据不足、涉及食品添加剂和转基因食品等基础研究数据大量缺失的难题。

3.3 食品安全监管模式有待转型创新

《食品安全法》对农业部门、食药监部门分段监管的职责范围做了进一步细化，但食用农产品、初级加工农产品和加工食品之间的分段衔接点上仍存在监管主题不明晰、监管内容不具体、监管责任落实不到位的情况。另外，现行监管方式重终端、轻过程，普遍把产品的终端检验作为重点，生产过程的监管则缺乏有效的措施。总体上，现行监管模式越来越难以适应新技术、新产业、新业态的发展，向风险导向型监管模式和"互联网＋监管"模式转型的步伐较慢。

3.4 食品安全风险监测体系基础薄弱

缺乏"从农田到餐桌"全方位、全过程、统一规范的风险监测体系，部门分割导致大量重复性监测，且风险监测信息难以及时共享，造成较大的资源浪费。风险评估程序和评估结果公开缺乏透明度、独立性和公信力，评估机构缺乏相对独立性，风险评估与标准化工作缺乏有效衔接，尚未形成高效的风险管理工作机制。风险交流薄弱，缺乏相关法规和制度建设，风险交流方式和渠道较为单一，监管者与各利益相关者的风险交流"蜻蜓点水"，范围不广、层次不深。

3.5 食品安全检验检测能力建设存在不足

目前，食品检验检测机构存在重复建设、同质化和资源布局不合理问题。检验检测设备利用率较低，由于检测员队伍整体素质不高，存在检不了、检不准的现象，影响检测结果的公信力。检验检测的后处置和应急处置能力不足，快速检测技术较落后，快检指标项覆盖面窄，样品前处理方法落后，一些快检方法存在灵敏度不高或特异性不强的问题，降低了准确性和实效性，难以满足监管需求和市场需求。

3.6 食品安全技术支撑体系发展滞后

科技是食品安全的重要支撑要素之一，由于研发和投入不足，目前食品安全全程控制技术发展滞后，《食品安全法》要求的追溯制度在实现机制上缺乏技术支撑。比如，缺少国家层面的数据库，缺少农产品编码规范，缺少统一的追溯标准和规范指南，关键追溯指标未筛选确定，追溯体系与 GAP、HACCP 等管理体系的关联不紧密，各部门、各地区的追溯体系架构不同、信息标准不同，企业不愿意承担追溯成本。再者，风险评估、风险管理和风险交流工作需要大量新鲜的数据和基础性研究作为支撑，但目前国内相关公益性数据资源服务非常匮乏，科研机构的成果大多未能转化为公益性的技术服务，制约了食品安全风险管理体系的发展与创新。与国际水平相比，我国食品物流和仓储的智能化、自动化、信息化程度较低，大部分中小型企业在检查、监测手段上仍采用纸面记录和人工测量的方式，缺乏可靠的数据系统支持，实效性差，与监管脱节，难以将数据分析结果用于风险预警，出现问题后又难以进行追溯，很大程度上影响了食品安全的"确责"和"召回"，这也是现阶段我国食品召回制度实施难度较大的主要原因。

3.7 食品安全治理社会参与不足

国家食品安全示范城市创建工作试点，对调动社会各界力量支持和参与食品安全治理起到了积极推动作用，但多方参与的食品安全社会共治格局尚未形成。东方君和的评估分析发现，公众存在食品安全"关注度高"、"意识高"与"认知度不高"、相关"知识不足"的反差；行业协会在规范企业行为、实现行业自律、保障公平竞争、协调社会多元利益等方面的推动作用不明显；媒体的舆论监督作用较强，但由于食品安全专业知识不足或个别媒体的片面性、夸大性报道，媒体存在误导公众的现象。修订后的《食品安全法》虽然对"社会共治"进行了规定，但未涉及社会公众参与机制的内容，相关制度建设尚不完善。

从上述七个方面的具体问题，我们观察到现阶段急需深化改革与发展的三个宏观层面的问题是：第一，新时代背景下食品安全科学监管体系尚未形成；第二，食品安全社会共治亟待制度化、机制化、法律化；第三，公众导向（或消费者导向）的食品安全群众满意度管理缺乏持续改进提升的科学路径。这三个问题综合在一起看，反映了我国食品安全治理体系现代化水平仍然不高。

针对上述突出问题，绍兴市市场监督管理局联合北京东方君和管理顾问有限公司组成联合课题组，通过建立政企学研合作的协同创新机制，围绕"食品安全科学监管与多元共治创新案例"主题，以绍兴市创建国家食品安全示范城市的实践为研究对象，力图在习近平新时代中国特色社会主义思想指导下，立足绍兴实际、面向全国实践、接轨国际规则，从具体案例研究入手，探索以下三个问题的解决方案。

一是在习近平总书记提出的推进国家治理能力现代化的背景下，解决地方政府在食品安全领域迈向治理现代化的观念、路径、方法、技术手段等问题；二是在党的十八大以来中国从社会管理向社会治理转变的背景下，解决食品安全社会共治的制度化、机制化、法律化问题；三是在深入贯彻落实习近平总书记"四个最严"要求的背景下，解决建立健全风险预防导向的食品安全科学监管模式问题。

课题组从七个方面对案例进行分析。

一是创新背景。主要从时间和空间维度，分析案例发生的时代背景、政策背景、本地条件等。二是主要问题。分析食品安全监管及地方治理现代化中在创新点上遇到的困难和挑战。三是创新历程。针对遇到的问题，具体解析地方实践，比如相关问题如何进入地方政策议程、创新过程怎样展开。四是主要做法。重点描述创新政策如何制定、创新举措包括哪些方面。五是创新成效。围绕案例主题进行分析，包括对食品安全监管及地方治理现代化的推动、创新之处、创新的获益面、已经产生的社会影响等。六是基本经验。分析案例成功的原因和可推广性。七是下一步改进。结合现存的新问题以及科学监管和地方治理现代化的新要求，提出改进意见。

课题组坚持问题导向，针对现阶段食品安全的突出问题和治理重点，包括校园食品安全、农产品集贸市场批发市场监管、食品追溯体系建设、企业诚信建设、农村食品安全、食品安全治理的社会参与等问题，从政府监管责任、企业主体责任、社会共治三个角度设计了四个议题，选取了七个典型案例。

第一个议题是"责任采购与供应链责任管理——地方政府推进企业社会责仕的政策选择与创新"。典型案例选取了《从绍兴市"百万学生饮食放心工程"看地方政府推进供应链社会责任的政策选择与创新》。课题组采用国际标准的社会责任管理框架，研究地方政府如何通过规制建设、推进机制建设、监督机制建设三个层面的创新实践，为落实企业主体责任进行顶层设计、提供制度环境，主要探讨了两个层面的问题，一是在企业主体责任落实过程中，如何通过导入社会责任管理实现管理创新；二是在推进企业履行社会责任的过程中，政府如何做好政策供给和制度安排。

第二个议题是"基于标准化、信息化和品牌化的食品安全诚信体系建设研究"。选取的典型案例是《"智慧农贸2.0"——技术创新驱动食品安全诚信体系建设》《从绍兴"老字号品牌知识产权保护"看信用监管新模式》。通过案例分析，具体研究标准化、溯源、检测与认证、信息公示制度以及品牌知识产权保护制度及关键技术在食品安全诚信体系建设中的作用。

第三个议题是"食品安全科学监管模式研究"。典型案例是《基层食品安全治理现代化的实现路径——以绍兴"四个平台"

总论

及网格化监管体系建设为例》。课题组围绕制度、科技、人这三个科学化的核心要素，以绍兴"四个平台"及网格化监管体系的运行机制、操作流程、监督机制，以及信息化的内部控制管理体系建设、专业化监管队伍建设的方法途径等为分析内容，梳理、总结绍兴市构建的国家食品安全示范城市创建长效机制，提出符合新时代发展要求的监管新模式。

第四个议题是"网络时代的食品安全风险管理与社会共治参与机制研究"。典型案例是《食品安全共治的多元参与——绍兴市食品领域刑事案件"五位一体"警示教育制度的创新实践》《媒体广告"双全"监管模式——从事后干预到事前预防的行政职能转变途径创新》《乡村互助形式和农村食品安全治理思路的创新——来自绍兴农村家宴服务中心的案例研究及思考》。本议题下的案例研究力图准确把握互联网时代的舆情特征、民意特征和风险型社会特征，着重研究食品安全舆情发现、预警、引导和应对的全流程管理机制，以及基于舆情管理的风险交流和关键利益相关者的参与机制，希望以此指导食品安全公众满意度管理和提升的方法改进。

本书案例基于定性与定量相结合的分析研究。在四个多月的案例研究期间，课题组开展了详实的田野调查，共组织了 9 场座谈会、11 次深访、8 个实地走访；进行了为期一个月的企业社会责任（Corporate Social Responsibility，简称 CSR）大调查，向 500

家绍兴市食品生产经营企业发放了调查问卷；对20余个小时的访谈录音、全市三年的相关数据和文件资料进行了统计分析。同时，对照《国家食品安全示范城市标准（修订版）》和《浙江省国家食品安全示范城市创建评价细则》，围绕法律、标准、风险管理、监管、农业、追溯体系、社会共治等七个要素，对绍兴市创建国家食品安全示范城市及建立创建长效机制的效能进行了定性分析。

课题组在深入调查研究的过程中，观察到绍兴市市场监督管理局在食品安全监管工作中的特色方法论，即底线思维、制度先行、夯实基础、激发活力。绍兴市市场监督管理局紧扣制度建设和队伍建设，提出"从严管干部、制度抓队伍"，狠抓凝聚力、执行力、创新力"三力提升"，不断加强专业化制度建设，以创建为创新平台，把政治建设、队伍建设、业务建设、内控建设、环境建设、服务产业等工作体系进行系统化管理提升，使制度、科技、队伍三者成为科学监管的"三驾马车"。

毫无疑问，食品安全是全社会共同担负的责任。在全球食品安全治理领域，人们的共识是：食品生产经营者、政府部门、学术界、媒体、消费者等五个群体是食品安全保障的五大支柱，他们各自发展并相互支持。其中，政府应负起食品安全相关制度建设和加强监管的责任；企业应承担首要的食品安全责任，诚信守法经营；学术界应更多地致力于食品安全的科技研发和科普教育，提供前沿的食品安全技术，提高公众的食品安全知识水平；媒体要努力负起监督的责任，并进行负责任、有道德的舆论宣传，正向引导社会公众对食品安全的认知；消费者应更加注重提升自身的权益保护意识，学习更多的卫生、安全和健康知识，并逐步培养绿色消费、责任消费的观念。

本书案例研究得出的主要结论是：以绍兴实践为例，地方政府、监管方与企业、学术界、媒体、消费者等各利益相关者初步构建了民主化、科学化、法治化的食品安全社会共治模式，建立了良好的信任机制，在制度层面形成了科学监管与社会共治的格局。绍兴的地方实践，代表着中国食品安全治理的未来。

案例专题

典型案例 ①

从绍兴市"百万学生饮食放心工程"看地方政府推进供应链社会责任的政策选择与创新

---

1. 概述 📝

企业应承担相应的社会责任，对此，产业界、政府及社会各界均已达成高度的共识。如何敦促企业履行社会责任，虽然在理论上形成了基本的框架，但在实践层面仍然有较大难度，主要原因是缺乏合适的着力点、系统有效的机制、可操作的方法手段。近年来，由此导致的企业社会责任缺失对我国经济社会发展造成了严重的负面效应，食品安全、环境污染、劳动纠纷等问题都与之密切相关。一些严重的公共事件，既挑战着社会的道德底线，也凸显出企业社会责任相关制度安排的缺失。

企业社会责任（CSR）是 20 世纪初以来经济学、社会学、管理学、法学等多个学科共同关注和研究的热点课题，具有较高的学术价值和实践价值。从理论研究现状看，企业社会责任仍缺乏扎实的基础理论和缜密的逻辑框架，尤其国外的企业社会责任理论在中国的本土化发展与创新滞后，削弱了对实践的指导作用。从实践层面看，席卷全球的企业社会责任浪潮，敦促各界不断思考企业社会责任的战略框架、实施路径、理论支撑点。

党的十八届四中全会提出"加强企业社会责任立法"，这既表明企业社会责任已上升到了国家意识、国家意志，同时也体现出在依法治国的背景下，我国企业将步入依法治企、科学治理的轨道。关于企业社会责任法律化的研究，是一个热点问题，也是焦点问题。近年来，很多法学家都在对此进行研究。从法学的角度讨论最多的问题是：企业社会责任到底是不是一个法律概念？它是法律制度上的一个问题，还是非法律的问题？这个问题是否需要从法律上进行研究、进行归纳、进行法律的设计？这其中又涉及一些更具体的问题。比如，在法律条款中，对企业社会责任是有所规定，还是仅仅是一种志愿行为？企业社会责任是否具有法律约束力？那么，法律效力进一步引申的问题就是，如果企业违反了社会责任相关规定，是否会产生某种法律后果？这可能是人们更关心的事情。在这个问题上，目前有很多讨论，也有很多困惑和争议。这些困惑和争议，主要集中在以下三个方面：首先是企业社会责任的概念，它的内涵到底是什么？它的边界在哪里？其次是社会责任的范围，企业社会责任究竟包括哪些责任？最后是社会责任的实现，到底是靠伦理道德的提倡或引导，还是靠制度化、法律化的强制？当一些企业不履行社会责任的时候，是不是可以追究法律责任？

在此背景下，由中国政法大学民商经济法学院副院长、长江学者赵旭东教授领衔，北京东方君和管理顾问有限公司参与了2016 年度国家社会科学基金重大项目——"中国企业社会责任立法重大问题研究"。该课题研究充分考虑了企业社会责任的法律规定与调整，对法律意义上的责任与道德意义上的责任进行合理划分和定性。课题组相信，这对强化法治意识、完善法律体系、推进企业社会责任将大有裨益。

本案例是"中国企业社会责任立法重大问题研究"课题的重要组成部分。首先，食品安全是企业社会责任立法研究中的重要课题；其次，这一课题的顶层设计问题（包括宏观制度框架和具体法律规则构建），是企业社会责任立法的重大问题，我们迫切需要研究三个问题：一是企业社会责任立法应该包括哪些内容；二是在现有立法模式下，为推进企业社会责任提供强制性保障的司法和执法机制应该如何改革；三是具体的规范体系如何形成，比如信息披露制度、信用制度、奖惩制度等具体制度的形成与提炼。研究这三个问题，对于贯彻实施《食品安全法》、有效落实企业主体责任具有重大而深远的意义。

除此之外，对于中国企业社会责任现阶段及未来所面临的挑战与发展，可以从三个层面进行观察：一是可持续发展的层面；二是法治化的层面；三是治理现代化的层面。基于这三个观察视角，本案例从独特的公共政策与制度规范的视角出发，研究中国政府推进企业社会责任的角色和政策选择，以及政府在公共政策和制度规范方面的作用及其采用的工具和方法。这不仅为深入研究中国企业社会责任立法问题提供有价值的理论参考，同时也提供可资借鉴的实践范例。

2. 案例背景 📝

2.1 我国食品企业社会责任及食品供应链管理现状

近年来，食品行业的企业社会责任日益受到广泛关注，主要有以下三个原因：一是随着市场竞争的加剧，食品生产经营企业出于构建品牌和塑造形象的内驱力，社会责任意识日益增强；二是随着互联网技术的普及，食品安全舆情的关注度大幅上升，而且消费者的权益保护意识增强，食品企业的外部压力持续加大，越来越多的食品企业主动引入社会责任管理，以期提升消费者的信任度；三是自2015年《食品安全法》修订颁行以来，企业作为首要责任人，食品安全成为法律化的强制责任，食品企业社会责任的内涵与外延有了新的界定。

从最近十年食品安全事件频发的现实来看，我国食品企业普遍对履行社会责任的重视程度较低。从2008年"三鹿奶粉事件"到2009年"问题鸡蛋事件"，再到2011年"瘦肉精""染色馒头""地沟油"等事件，2016年"饿了么黑作坊"事件，以及2017年江西九江"镉大米"事件、"臭脚盐"事件、三只松鼠开心果霉菌超标事件，2018年同仁堂蜂蜜事件、海底捞后厨事件，2019年初三全饺子事件等，这些食品安全事件涉及"从农田到餐桌"全链条的各个环节，包括土壤和水、种植养殖、采购、加工、贮存、运输、批发、零售、餐饮，也包括电商新业态，呈现出一个高度复杂化、网络化、动态化和全球化的食品供应链生态。在这个链条上，没有一个环节、一家企业可以独善其身。因此，供应链社会责任的整体表现将在很大程度上决定食品安全的总体状况。

供应链社会责任在现代商业社会的重要性，在"双汇瘦肉精事件"中表现得十分典型。2011年，中央电视台在"3·15"消费者权益日的《每周质量报告》中播出了一期"健美猪"真相的特别节目，披露了河南孟州等地添加瘦肉精养殖生猪，"瘦肉精"生猪卖到河南济源双汇食品有限公司的屠宰加工厂，然后上了货架。被曝光事涉"瘦肉精"后，双汇旗下产品在多地遭遇下架、封存，双汇集团的企业诚信、品牌信誉等遭到巨大打击，并导致消费者对国内肉制品行业的信心指数直线下滑。在肉制品行业的供应链上，养殖、屠宰、加工、销售等关键环节都出现了企业社会责任严重缺失的问题，究其根源，主要存在四个方面的原因。

第一，一些企业一味追求利润最大化，违背了企业社会责任的基本要求。根据1971年美国经济发展委员会在《工商企业的社会责任》报告中提出的"三个同心圆"的企业社会责任内容模型，除了履行经济功能的基本责任，企业还应履行法律责任、伦理责任和自愿责任（慈善），从而更广泛地促进社会进步。食品企业的首要社会责任，就是为消费者提供质量合格、安全、健康的食品。

第二，产业分工越来越细，产业链越来越长，各环节的责任确定难度较高。食品加工工业的集约化与原材料供应的分散化并存的状况，使质量控制变得非常困难。不同交易主体在食品供应链中的信息不对称，也难以界定相关主体的责任，比如企业在供应链中对上游企业和下游企业分别应承担什么责任，所承担责任的程度如何等，实际上完全界定清楚非常不易。因而，供应链中的企业很难对其他企业的社会责任缺失行为或社会责任的不作为或被动行为进行制裁。

第三，供应链上企业的地位、利益分配和社会责任水平不均衡，各主体在合作过程中习惯于关注自身的利益得失，很少从整体角度考虑供应链社会责任问题。在全球供应链中，处在价值链末端的中小企业缺乏提高社会责任表现的动力和能力；而一些核心企业，比如大型食品生产企业利用自身的强势地位，将成本压力向上游企业转移，通常也缺乏主动提高社会责任表现的意识。处于弱势地位的中小企业、农户和养殖户，更缺乏主动履行社会责任的内在动力，在短期利益的驱使下，有可能做出不道德的行为，致使整个食品供应链受损。

第四，食品供应链安全机构的构建，缺乏制度保障，"劣币驱逐良币"的现象长期存在。在一些特定结构的供应链中，比如在缺乏核心企业的供应链中，主要以中小企业为主，产业发展程度处于小、散、乱的状态，普遍存在社会责任缺失行为，可能会出现"群体败德"现象，导致出现企业履行社会责任的"囚徒困境"，由于缺乏合理的制度安排，那些主动承担社会责任的企业反而会因为成本上升而丧失竞争力。

2.2 基于利益相关者理论的食品供应链社会责任治理

利益相关者理论源于 20 世纪 60 年代，80 年代起开始广泛应用于公司治理。弗里曼（Freeman）1984 年在其经典著作《战略管理：利益相关者方法》中，将利益相关者定义为能够直接或间接影响企业行为的群体，颠覆了股东至上的公司治理理念，为企业社会责任的管理提供了理论分析框架。

在实践中，利益相关者的有效参与可以从根本上影响企业的社会行为。那么，谁是企业利益相关者？查克汉姆（Charkham）1992年根据利益群体是否与企业存在交易性合同，将利益相关者划分为契约型利益相关者和公共型利益相关者两大类。所谓契约型利益相关者包括：股东、员工、供应商、分销商、消费者等；公共型利益相关者包括：政府、监管者、媒体、行业协会、社区、公众（消费者）等。其中，与企业直接进行商业交易、发生重要利害关系的利益相关者，是供应链厂商和消费者，由于它们受企业生产经营活动的直接影响，并直接发生交易，因此其行为也反过来直接影响企业的损益，并对企业行为形成强有力的制约。

基于此，课题组认为，将企业社会责任提升到供应链层面进行治理，将成为促进企业承担社会责任的有效途径。供应链同时是一个价值链、一个利益共同体的链条，其中的各方一荣俱荣、一损俱损。虽然供应链社会责任治理可以为供应链及各企业带来长期利益，但在我国当前的社会经济背景下，由于食品供应链内部治理结构不均衡而导致供应链企业社会责任行为与损益出现错位，消费者选择的压力也未能在供应链中有效传递。换言之，市场选择机制的不健全、供应链内部结构的先天不足，决定了食品供应链社会责任治理必须超越供应链内部管理，采取外部干预措施。一方面，通过完善市场机制，使消费者的选择权力切实发挥作用，对供应链企业形成倒逼机制；另一方面，通过适当的政策干预，围绕供应链的核心企业或关键节点进行制度设计，改变供应链原有的权力结构及成本和收益分配机制，使供应链的外部约束与压力能够在供应链各个环节有效传递，最终构建一个政府、监管者、消费者和供应链企业多方参与、协调合作的食品供应链社会责任治理模式。

2.3 绍兴市食品企业社会责任现状调查分析

2018 年 7—8 月，课题组根据绍兴市食品企业的发展特征设计了企业社会责任现状调查问卷，从在工商局登记注册的食品加工生产企业、流通企业和餐饮企业中，分层抽取 500 家企业，共发放问卷 500 份，回收 312 份，有效问卷回收率为 62.4%。

通过数据分析，绍兴市食品企业社会责任的履行现状如下。

2.3.1 被调查企业的基本情况

2.3.1.1 在食品供应链上的分布

在本次收回问卷的 312 家企业中，流通企业 180 家，食品生产加工企业 67 家，餐饮企业 65 家。

调查显示，绍兴市的绿色食品产业已形成一定的规模，通过在各地建立种植养殖基地、农产品精深加工基地，促进当地调整产业结构，拉长产业链。在被调查的绍兴市内 180 家流通企业中，主要以校园食品物流配送企业、大型百货超市为主，其中以雄风集团为代表；在 67 家食品生产加工企业和餐饮服务企业中，以校园服务为主的茂阳、一禾为区域性知名品牌。

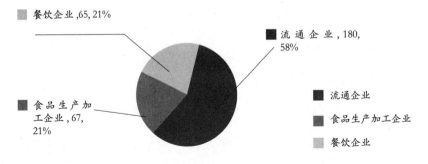

图1　样本企业的业态分布

2.3.1.2 企业规模

在被调查的企业中，大型企业64家，中型企业115家，小型企业133家。

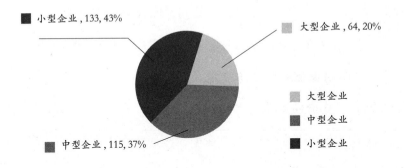

图2　样本企业的经营规模

2.3.2 绍兴市食品企业社会责任履行现状

2.3.2.1 对企业社会责任的了解程度较高

本次调查中，针对当地企业对社会责任的了解程度，问卷设置如下问题：您认为企业应当履行的社会责任包括哪些？选项将社会责任分为经济责任、法律责任、道德责任、环境责任、慈善责任、其他责任等六种责任。

认为需要承担全部六种责任的企业有98家，认为需要承担经济、法律、道德、环境、慈善责任的企业有131家，认为需要承担经济、法律、道德、环境责任的有49家，认为需要承担法律、道德、环境责任的有17家。可以发现，73%的企业对社会责任的概念十分了解，21%的企业比较了解。调查结果显示，绍兴市食品企业对社会责任的认知程度较高。

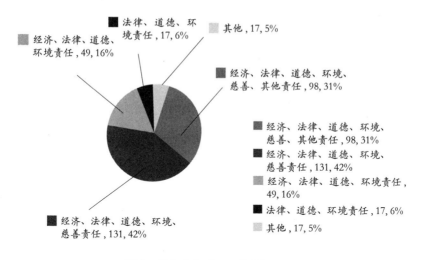

图3 样本企业对CSR的认知

2.3.2.2 企业社会责任管理情况

针对当地企业社会责任管理的实施情况，问卷设置了以下三个问题：

◎ 1.您的企业是否制定了企业社会责任战略；

◎ 2. 您的企业是否设置有社会责任管理的专门机构；

◎ 3. 您的企业是否制定了社会责任管理制度并按程序执行。

2.3.2.2.1 企业社会责任战略制定情况

被调查企业中，138 家企业制定了企业社会责任战略，103 家正在制定中，占比达到了 77.2%；71 家企业没有制定企业社会责任战略，占比为 22.8%。调查结果显示，绍兴市食品企业对社会责任较为重视，多数企业有意识把企业社会责任纳入战略层面。

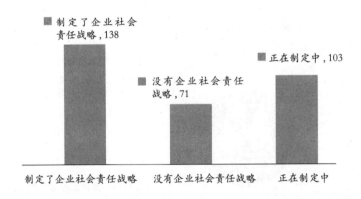

图 4 样本企业 CSR 战略导入情况

2.3.2.2.2 企业社会责任管理机构的设立情况

在被调查企业中，101 家企业没有设置专门的社会责任管理机构，占比 32.4%；178 家有社会责任管理机构，但没有单独设置，占比 57%；仅有 33 家企业单独设置了专门的社会责任管理机构，占比 10.6%。结果显示，大部分企业虽然具有一定的社会责任意识，但在相应的资源投入上较少。

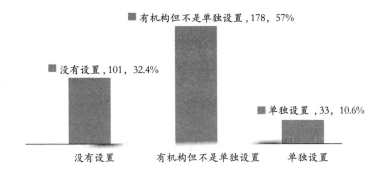

图 5　样本企业 CSR 管理设置状况

2.3.2.2.3 企业社会责任管理制度建立和实施情况

在被调查企业中，98 家企业建立了企业社会责任管理制度，并得以有效实施，占比 31.4%；187 家企业建立了社会责任管理制度，但制度执行不到位，占比达到了 59.9%；27 家未建立社会责任管理制度，占比 8.7%。结果表明，绍兴市食品企业普遍有意识将社会责任融入企业的运营管理中，将社会责任管理制度化、规范化，但具体落实情况仍不乐观。

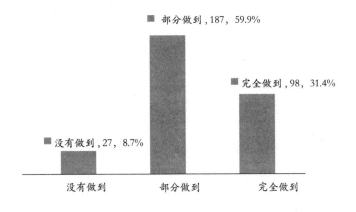

图 6　样本企业 CSR 管理制度化状况

2.3.2.3 企业社会责任推进情况

针对企业社会责任推进情况，问卷设置了以下五个问题：

◎ 1. 您的企业是否定期发布企业社会责任报告，公布企业履行社会责任的情况；

◎ 2. 您的企业是否制定了完整规范的食品安全管理制度，定期对职工进行食品安全知识培训；

◎ 3. 您的企业是否建立了食品安全追溯制度，保证产品可追溯；

◎ 4. 您的企业是否建立完善了严谨的食品安全事故应急机制；

◎ 5. 您的企业是否定期审查供应商的社会责任承诺和遵守情况。

2.3.2.3.1 企业社会责任报告发布情况

在被调查企业中，119 家企业定期发布企业社会责任报告，向利益相关者公布企业履行社会责任的情况，占比 38.1%；97 家企业正在完善企业社会责任报告相关工作，占比 31.1%；96 家企业尚未开展企业社会责任报告相关工作，占比为 30.8%。结果表明，绍兴市食品企业普遍尚未建立企业社会责任报告制度，社会责任信息披露工作有待改进。

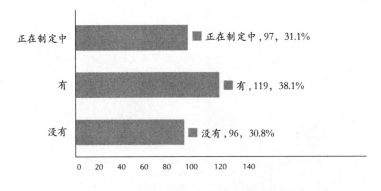

图 7　样本企业 CSR 报告现状

2.3.2.3.2 食品安全管理制度建设情况

被调查企业中，291 家企业制定了完整规范的食品安全管理制度，并且对职工进行定期的食品安全知识培训，占比 93.3%；21 家企业正在制定完善食品安全管理制度，占比约 6.7%。结果表明，绍兴市食品企业高度重视食品安全管理制度的建设工作，制度建设的覆盖率较高。

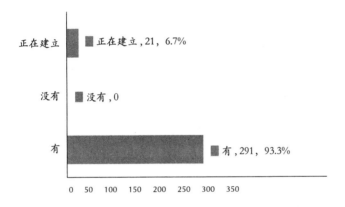

图 8　样本企业食品安全管理制度建设现状

2.3.2.3.3 食品安全追溯制度建设情况

被调查企业中，301 家企业建立了食品安全追溯制度，能够实现电子追溯或纸质追溯，占比 96.5%；10 家企业正在制定完善食品安全追溯制度，占比约 3.2%；仅 1 家企业尚未建立追溯制度，占比 0.3%。数据显示，绍兴市食品安全追溯制度建设的覆盖率高，为建立可追溯的食品供应链奠定了良好基础。

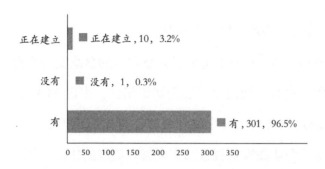

图9 样本企业食品安全追溯制度建设现状

2.3.2.3.4 食品安全事故应急机制建设情况

在被调查企业中，287家企业建立了食品安全事故应急机制，占比92%；25家企业的食品安全事故应急机制正在建立完善之中，占比8%。结果显示，绍兴市食品企业对应急机制的重视程度较高。

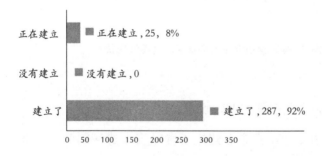

图10 样本企业食品安全事故应急机制建设现状

2.3.2.3.5 定期审查供应商的社会责任承诺和遵守情况

在被调查企业中，290家企业能做到定期审查供应商的社会责任承诺和遵守情况，占比高达93%；22家企业未能定期审查供应商的社会责任承诺和遵守情况，占比 7%。调查数据显示，绍兴市食品企业普遍建立了供应商管理制度，并对合格供应商资质有规范的审查机制。

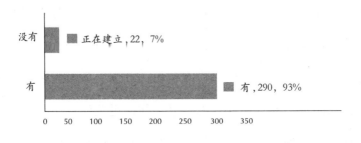

图 11 样本企业供应商管理现状

2.3.3 被调查企业履行社会责任的挑战与机遇

2.3.3.1 挑战

首先，资金问题是制约食品企业履行社会责任的重要瓶颈之一。食品企业履行社会责任，从长期来看，更容易获得消费者的认同和信任，有利于提升市场竞争力，增强持续获利的能力；但从短期来看，履行社会责任需要加大投入，尤其对于资本短缺的中小企业而言，企业运营成本会带来直接的资金压力，最终可能使其在环保设施、质量控制、责任采购、员工培训、社区发展等社会责任履行方面让步于企业生存和盈利需求。

其次，企业社会责任履行动力不足。除了部分大型食品企业，大多数食品企业的经营局限于本地，生产能力有限，辐射范围较小，履行社会责任很难使其在短期内获得直接的经济收益或品牌声誉改善带来的好处。而且，食品行业的产品替代性强，企业很难通过提高价格来消化短期的成本支出，使得中小企业履行社会责任的内在动力不足。

第三，市场环境不利于企业履行社会责任。多数食品企业经营者素质不高，缺乏良好的社会诚信环境，社会监督机制未有效发挥作用，这些是阻碍企业社会责任发展的重要因素。一方面，食品行业产业链长，监管难度大；另一方面，低收入消费群体无力负担价格高、有质量保证的食品，往往更关注食品数量而不是食品质量。这使得一些诚信缺失的企业有了可乘之机，过分追求利益最大化，谋取非法利益，造成"柠檬效应"，破坏了整个社会的诚信环境。

2.3.3.2 机遇

现阶段，我国食品企业社会责任及食品供应链社会责任的发展正在步入重要战略机遇期。

第一，消费者和政府对食品安全问题空前关注，有利于推动食品企业社会责任建设。在本次调查中，样本企业对消费者满意度十分关注，认为消费者态度对企业的销售产生直接影响。现阶段，消费者的食品消费行为模式正在悄然改变，越来越多的消费者倾向于选择更加安全的购买渠道。与此同时，各级政府高度重视食品安全问题，采取了修订法律、完善标准、风险评估、机构调整、加大处罚力度等一系列措施，加强"从农田到餐桌"全过程监管。

第二，日益加快的国际化竞争步伐，有利于推动食品企业社会责任建设。在经济全球化的大背景下，我国食品行业日益与各种国际规则、国际标准接轨，与国际食品同业的交流与合作不断增加，不断学习借鉴国际伙伴企业社会责任建设的优秀经验。在食品供应链全球化推动下，我国食品企业不可避免地成为国际市场和全球供应链的组成部分，遵循国际规则、履行社会责任是现代食品企业的必由之路。

2.4 我国校园食品安全的现状及成因

校园食品安全关系青少年儿童的健康，校园食品安全问题集中反映了复杂化、网络化的食品供应链的运行状态。

针对在校（园）学生的食品供应体系包括：学校食堂、校园超市（便利店）、网络订餐、配餐中心（企业）供餐，以及校园周边的餐饮店、便利店、流动摊贩、"小饭桌"、饮用水等。

学校作为食品安全责任主体，主要利益相关者包括：校园内的供应商、承包商，校园外的食品流通企业、餐饮店、小作坊、居民家庭、社区（居委会），以及教育部门、监管部门和其他政府相关部门。

在校园食品安全保障中，学校食堂是关键环节。学校食堂是学校教学和生活的组成部分，担负着为师生提供饮食保障的重要任务。近年来，在学校后勤改革中，暴露出较多的问题，尤其在食品安全管理方面，管理者和经营者缺乏经验，经营者重经济效益，学校食堂已成为食品安全事故的高发地，近几年各地校园食品安全事件频频发生。学校食堂就餐人数较多，食品供应量大，使得校园食品安全问题受到社会关注。采取切实可行的措施加强校园食品安全管理，已成为迫切需要解决的问题。

2.4.1 当前校园及周边食品消费问题现状

2.4.1.1 食物中毒是校园食品安全中最突出的问题

根据媒体公开报道的信息，在各地发生的校园食物中毒事件中，细菌性食物中毒是报告起数和中毒人数最多的食物性中毒。细菌性食物中毒主要是由于食用了受细菌污染、腐败霉变的食品而引发的食品安全事件，与食品加工、食品储存、销售环节卫生条件差、公众的食品卫生意识淡薄等原因密切相关。另外，因化学性食物中毒、豆角未炒熟等导致的食物中毒也是常见的校园食品安全事件。

除食物中毒之外，部分学校也存在着向学生提供腐败变质食品的问题。比如，2011 年云南某高校食堂采购病死猪肉事件；2018 年江西省万安县多所中小学爆出"营养餐食材发霉、腐烂"问题，数名学生出现腹痛呕吐等症状；2018 年安徽芜湖市鸠江区童馨幼儿园后厨现场发现生有米虫的大米和过期的白醋事件。

目前，在监管部门的日常监督检查中，学校食堂食品卫生、学生集中就餐、饮水安全等环节依然存在较多安全隐患。

2.4.1.2 校内外商店经营者食品安全意识观念淡薄

在国家食品安全示范城市创建试点城市的中期绩效评估中，校园内外的商店所经营食品常见的问题包括：产品包装上没有标注生产日期；厂家、QS 质量认证标志不清晰；临近保质期的食品较多；货架和仓库的卫生情况不佳。

2.4.1.3 食品经营管理制度有待健全

部分校园食品经营者为追求经济效益，唯利是图，漠视相关制度。常见的问题包括：校园超市经营者在采购和销售环节中不按规定履行查验制度，不建立购销台账制度，对不合格食品不建立退市制度、不设置下架周转箱，食品卫生检验检疫合格证明等制度缺失，使劣质食品流入校园有了可乘之机。

2.4.1.4 进货渠道不规范，供应商资质管理缺失

目前，校园及周边食品经营者的进货渠道主要有自购和配送两种形式。从食品来源看，有的经营者从小食品市场批发，有个别经营者直接从小作坊或者小加工厂购进无厂名、无厂址、无生产日期的"三无"产品、过期食品或假冒伪劣食品。经营者在进货过程中只考虑价格因素，不注重对食品质量和生产者资质条件的审查，只要便宜就购进，有利可图就卖，食品质量安全难以保证。

2.4.1.5 学生食品安全消费意识薄弱，安全辨识能力较低

由于一些学校不重视食育教育，广大学生，特别是小学生的食品安全意识薄弱；有些学生虽具备较强的食品安全意识和自我保护意识，但辨别力不高、自控力不强，也缺乏维权意识。

2.4.1.6 校园周边流动摊点屡禁不止

流动摊点是校园周边的"顽疾"，一般为无证经营，卫生状况差。很多学生的好奇心强、贪图便宜，喜欢买便宜食品、不健康食品，经营者往往投其所好，售卖"五毛钱"食品，小孩子都

很喜欢买。

2.4.2 校园食品安全问题的成因

2.4.2.1 学校扩招,食品安全管理压力增大

学校扩招(包括高校、职业教育、中小学),在校生规模大幅增加,大部分学校食堂来不及扩建、难以容纳大批学生就餐,与学生集中用餐人数不相适应,致使饭菜质量、饮食卫生难以保证,部分学生外出找小食摊就餐的现象很普遍。

另外,一些学校食堂的基础设施条件差,布局不合理。由于食堂小、操作间没有功能分区或分区不合理,财政投入有限,学校食品安全管理压力明显增大。

2.4.2.2 学校后勤服务经营模式改变,逐利倾向加重

自 1999 年起,全国高校、中小学先后开始后勤社会化改革,后勤实体逐步与市场相融合,对管理模式提出了新的要求。多数学校后勤服务社会化改革措施实施以后,学校基本上不再直接经营餐饮服务,而是把学生餐饮服务向社会承包,且经营者多数为外地人员,员工素质低、队伍不稳定,管理规范程度低。

部分学校对承包经营者缺乏必要管理。一些承包经营者片面考虑经济效益,忽略了食品安全问题,造成了食品安全风险攀升。

2.4.2.3 对校园食品安全的重要性认识不足,管理滞后

部分学校对食品安全问题的重要性认识不足、重视不够,学校食品安全管理制度不健全,职责不明确;有些学校虽然有专人负责,但管理工作运行不力,制度执行不力,流于形式。常见的

管理问题包括：有的学校食堂未严格执行大宗食品（粮、油、肉）定点采购和索票索证制度；食物留样未作记录或留样样品过少；食品储存间凌乱堆放杂物；餐具消毒保洁工作不到位；承包经营者质量安全意识薄弱，员工培训不到位，操作不规范等。

此外，大部分学校校外小卖部、小餐馆和无证经营的流动摊贩较多，"三无"小食品居多，无购进记录台账，食品安全风险高。一旦发生食物安全事件，无法追踪溯源。相关部门和学校普遍缺乏有效管理措施。

3. 案例介绍

3.1 "百万学生饮食放心工程"的发展历程和现行做法

为净化校园及周边食品安全环境，提升学校食品安全保障水平，保障广大学生饮食安全，浙江省人民政府于 2013 年提出《浙江省千万学生饮食放心工程 2013—2015 年行动方案》。绍兴市积极贯彻落实，实施"百万学生饮食放心工程"，实施分两个阶段。

第一阶段：实施规范化管理，改进校园食品供应链模式

2014 年 5 月，绍兴市食品安全委员会制定《绍兴市 2014 年百万学生饮食放心工程实施方案》，联合市教育局、各级各类学校等部门对校园食品供应链运作模式改进采取了五大措施。

措施一：实行学校食品安全工作校长负责制。教育部门、各级各类学校成立了食品安全工作领导小组，校长是学校食品安全

工作第一责任人，分管校长是学校食品安全具体责任人，食堂经营者承担食品安全直接责任。学校配备专（兼）职食品安全管理员，定期开展校园食品安全检查督查，及时排查各种食品安全隐患。

措施二：加强食品安全重点环节监管。一是推行食品统一配送或定点采购。绍兴市相关部门根据《绍兴市学校食堂大宗物品定点采购实施办法》，加大了对统一配送单位或定点采购单位的监督力度和监管频次，加强对食品及食品原材料的质量安全检测，要求每季度至少开展一次抽检；同时，实行了抽检信息公示，对检出问题的实行退出机制。建立学校食堂专人采购、验收、管理制度，建立完整的索证索票和登记台账。二是深化学校食堂量化分级管理。学校食堂提高餐饮企业准入标准，积极引进专业化托管模式，实行专业化、规范化管理；进一步推行"五常法"管理，提高学校食堂量化管理 A、B 等级比例；在学校食堂推行色标管理制度，实行肉类、水产类和蔬菜类分类存放，生熟分类操作；推行"阳光厨房"工程和信息化实时监控系统，在重要岗位、关键风险控制点进行实时监控。三是深化校园商店食品安全监管和规范化建设。大力发展品牌超市校园直营店，逐步取消个人承包经营模式，扩大校园品牌超市覆盖面。2014 年，绍兴市政府把"百万学生饮食放心工程"纳入十大为民办实事工作，其中"品牌超市进校园"是"百万工程"的重要组成部分。绍兴市首先在所有公办学校实施校园超市品牌化直营，同时在私立学校也开展校园超市品牌化直营试点工作。截至 2018 年底，绍兴市共有学校商店

175家，其中品牌超市171家，品牌超市比例达97.71%；全市公立学校共143家超市，100%为品牌超市。品牌化直营模式为学生搭建起安全、放心、价廉物美的校园食品消费服务体系。四是加强校园饮用水安全监管。积极推进学校直饮水工程，保障水质安全，杜绝二次污染，加强桶装饮用水监管，确保桶装饮用水符合卫生标准，落实专人定期清洁消毒容器；创造条件将学校供水纳入城镇自来水管网，并定期开展饮用水卫生监督监测；对不能纳入城镇自来水供应管网、确需自备水源的学校，要求加大饮用水卫生监督和监测频次，每年不少于2次。五是深化学校周边食品摊点监管。强化对学校周边的小餐馆、小商店、小超市、小食店、代销点、小加工点、小作坊及流动摊贩的监管，严防超范围、超面积经营食品，杜绝不合格食品、过期食品、"三无"食品、劣质食品，取缔未按要求经营的食品流动摊点。

措施三：倡导社会参与学校食品安全管理。绍兴市建立了学校食堂安全信息公示网，促进学校食品信息公开。同时，结合"万名家长进食堂""家长进配送企业"等活动，积极推动师生、家长参与学校食品安全工作管理。

措施四：加强学校食品安全应急管理。绍兴市各学校积极编制食品安全事故应急预案和操作手册，明确食品安全突发事件应急处置的具体方案和操作流程，同时开展应急演练或培训工作，提高应急处置能力。

措施五：深化学校饮食教育宣传普及。结合学校教育工作，加强饮食安全知识的宣传教育，提高饮食安全知识知晓率。通过国旗下讲话、黑板报、饮食教育小报制作等多种形式与途径加强饮食安全知识传授，教育学生不向无证摊贩购买食品，在购买零食的时候要注意核对生产日期、保质期及生产厂家等，提高学生对食品安全的认识，增强学生自我保护意识，养成良好的饮食习惯。

第二阶段：推行责任采购，构建校园食品供应链社会责任治理机制

2016年，绍兴市食品安全委员会办公室总结前三年的经验成果，探索学校食品安全长效管理机制，制定了《绍兴市深化百万学生饮食放心工程三年计划（2016—2018年）》，针对校园食品供应链转型升级采取了三大措施。

措施一："网络＋保险"，支撑校园食品安全保障体系。一是实施主体信息化管理。把全市中小学、公办幼儿园全部纳入《绍兴市深化百万学生饮食放心工程2016—2018年计划》的实施主体，并将实施主体信息完整准确地录入"绍兴市百万学生饮食放心工程信息系统"，由区、县（市）教育局和市教育局依次审核。实施主体一经审核，不得随意变更或增减。二是推广责任保险针对性投保，将学校食品安全工作作为绍兴市食品安全责任保险的重点。根据《绍兴市食品安全责任保险试点工作实施方案》，在校方责任险全覆盖的基础上，推进学校食品安全责任保险工作，尤其注重强化对非自主经营的学校食堂的食品安全责任保

险投保工作。

措施二：进一步加强食品安全重点环节监管。一是推广大宗食品统一化配送。进一步提高中小学、公办幼儿园食堂大宗食品统一配送率，统一配送工作以综合配送为主。鼓励有条件的区、县（市）试点大学、民办幼儿园食堂大宗食品统一配送。严把准入关口，健全清退机制，从源头上把控配送企业和食堂托管单位的管理质量，鼓励种植养殖基地、定点屠宰场、生产企业等单位直接为学校配送食品，减少中间环节。加强对统一配送企业监管，辖区监管部门每季度对大宗食品统一配送企业监督抽检，定期公布抽检信息，并要求统一配送企业在配送各环节安装电子监控探头，监控记录保留两周以上。二是推进学校食堂精细化管理。加大资金投入，强抓食堂改造，提升学校食堂餐饮服务食品安全量化等级标准，截至 2018 年底，全市中小学校（含公办幼儿园）食堂中，A 级食堂 408 家，占全市 A 级食堂的 81.93%；学校 B级以上食堂达到 99.03%，其中 100 人以上的中小学食堂 B 级以上全覆盖。推进"阳光厨房"建设，推广安装现场或远程视频监控系统，不断提高学校食堂透明厨房比例；鼓励学校开通校园电子显示屏、互联网平台或手机 APP，接受公众监督。提升学校食堂从业人员专业素质，规范食堂从业人员管理，从业人员每人每学期参加集中学习不少于 20 课时，并做好相应记录；鼓励有条件的学校聘请食品安全营养师，科学搭配膳食。三是推广校园周边网格化治理。积极探索校园周边网格化综合治理新模式，全面落实食品安全监管网格员、综合治理网格员、学校安管网格员、镇街协管网格员"一校四员"机制。全市所有学校统一配备网格安管员，每天上下学时段在校园周边巡查、劝导，每月组织各校区安管员或家长开展暗访互查，发现问题及时向网格内镇街食安办、市场监管、城管等部门通报，实行网格内信息互通共享。切实加强周边"餐饮一条街""美食一条街"和网络订餐等经营行为的管理，加强对校园周边店超范围经营食品行为的监管，努力打造校园周边食品安全监管新格局。

措施三：进一步加强学校食品安全应急宣教。一是推进校园食品安全常态化教育。通过宣传窗、黑板报、班队活动、专家讲座等多种形式，提升学生食品安全自我保护意识和能力。二是推进校园食品安全应急处置体系建设。进一步完善学校、教育部门、市场监管部门、卫生计生部门的应急联动机制，每年开展学校食品安全应急演习演练和培训，建立健全覆盖全面、责任明确、反应迅速的食品安全事故应急网络。三是推进校园食品安全社会共治。由学校和家长共同成立膳食管理委员会，对食堂进行定期或不定期监督检查。开展"万名家长进食堂"活动，邀请家长对食材采购、贮存、清洗、加工、餐具清洗消毒等各个环节进行现场观摩、检查和评议，每所学校每学期至少开展1次家长就餐体验，全市学校实施家长进食堂比例达100%。

3.2 从承包制到非营利性经营：地方政府推行供应链社会责任的政策措施

3.2.1 转变校园食堂个体承包模式

绍兴市教育部门要求，学校食堂逐步取消对外承包经营模式，由学校自办或委托专业机构经营管理，并建立食堂经营管理者准入和退出机制。全市各类学校一般采取"自主经营""自主经营委托管理"和"委托管理"三种模式。其中，自主经营委托管理和委托管理经营模式的操作方式是：学校通过公开招标择优选择实力强、管理规范的餐饮公司来校经营食堂，学校向餐饮公司支付一定的食堂管理费用。

截至 2018 年底，全市学校食堂自主经营的有 84.5%，自主经营委托管理的有 10.7%，委托管理的有 4.8%。从实践效果来看，学校食堂不以营利为目的，一般盈亏控制在 4.0% 以内，食堂若有盈利也用于改善师生伙食，做到食堂零利润。食堂经营模式的转变有效地控制了饭餐的成本，提高了师生的入口率。同时，财政在食堂改造投入的基础上，加大了食堂运行过程的费用投入。如柯桥区财政，自 2014 年起，每年划拨 3500 万元专项资金用于公办学校食堂员工工资、水电、燃料等费用支出。市财政自 2012 年起，对市直义务段学校学生按每生每天 1 元的标准划拨食品安全专项补助资金，用于学校食品安全和保障学生食品营养工作。

3.2.2 转变校内商店个体承包模式

为规范校内商店管理，根据浙食安委〔2013〕5号通知精神，市教育局出台关于实施学校品牌超市进校园的通知。各级教育行政部门通过公开招标，引入实力强、诚信好、规模大、管理规范的企业进入校园。

品牌超市进校园后，要求做到"六个统一"，即"统一配送、统一形象、统一营销、统一价格、统一结算、统一管理"。店内所有商品均为知名品牌，符合商品准入工程要求，并实行质量明示制度、质量信用备查制度，加强食品安全保障力度。校园超市商品价格不高于同一区域其他超市的同时期、同规格的同一商品价格，部分商品还根据招标的特别约定，均以成本价或优惠价销售。

品牌超市推行以来，校园超市商品种类增多，且商品售价总体上比原先承包经营平均下降 20% 左右，不少商品的价格与大型超市的价格持平，使学生真正得到了实惠，有效地促进了对校内商店的统一管理，既保障质量安全，又有利于降低配送成本，避免过去学校各自招标增加经营成本的问题，也防止没有通过公开招标而产生的不规范现象。尤其重要的是，这一举措解决了社会普遍关注的校园商店承包价格高、承包商不惜以质量安全为代价追逐利润等加大校园食品安全风险隐患的老大难问题。

3.2.3 统一配送，确保食品源头安全可控

根据绍兴市食品安全委员会办公室《关于规范全市学校大宗食品统一配送、定点采购和食堂托管工作的意见》和《绍兴市深

化百万学生饮食放心工程三年计划实施方案》，全市教育系统的学校食堂食品原材料实行统一配送或定点采购。由教育局通过公开招标，引入信誉好、实力强、管理规范的企业作为学校食堂食品原材料的配送企业，食品原材料实行索证索票制度，确保源头可溯、过程可控、风险可防、责任可究，从源头上降低了学校饮食安全风险。

学校根据就近就便、平衡城乡的原则，自主选择招标入围的配送供应商。截至 2018 年底，绍兴市学校食堂大宗物品配送率为 100%。

3.2.4 建立"一校四员"监督机制

针对校园周边餐饮服务单位、食品小作坊、食品店、食品摊贩无证无照、环境脏乱差及经营不规范等行为，2016 年绍兴市食安办首创"一校四员"监督机制，首先在诸暨市进行试点探索后，在绍兴市全面推广实施学校周边食品安全"一校四员"综合治理工作。

"一校四员"监督机制的基本运行模式为：每个学校安排学校安管联络员、镇街协管联络员、市场监管联络员和城管执法联络员，"四员"共同协作治理校园周边食品安全问题。学校安管联络员由分管副校长担任，其主要任务是每日组织开展校园周边的走访排查和信息上报，督促学校开展食品安全与饮食教育，定期向学生传递食品安全、营养等信息。镇街协管联络员由镇（街）食（药）安办副主任担任，负责辖区内学校周边食品安全工作的综合协调和督查。市场监管联络员由属地市场监管部门的监管干部担任，其主要职能是将学校周边作为日常检查、随机抽查等重点区域和单元，严厉查处学校周边食品生产经营者无证照经营、售卖和使用来源不明、"三无"、无中文标识、超过保质期限、腐败变质等感官性状异常的食品及常温存放冷藏冷冻食品等违法行为。城管执法联络员由属地城管执法部门的监管干部担任，对学生上学、放学重点时段实行定点、定员、定时管理以及流动巡查。

"一校四员"监督机制引入了网格化管理的思想和方法。全市学校均成立食品安全工作领导小组，实行"学校、镇街、县、市"分级管理模式，在校园周边形成"分块管理、网格划分、责任到人"的网络化体系，全面落实食品安全监管网格员、综合治理网格员、学校安管网格员、镇街协管网格员"一校四员"机制。综合治理网格员、学校安管网格员每天上下学在校园周边轮值，劝导学生拒绝消费不洁食品，每月组织各校区安管员开展暗访互查，对发现的问题拍照存档，并及时向网格内市场监管、城管等部门通报，实行网格化信息互通共享。

"一校四员"监督机制的运行，营造了校园食品监管的社会化氛围，为社区、家庭、社会组织等多方参与校园食品安全共治提供了畅通、透明的机制，成为校园食品供应链社会责任建设的一支监督力量。

3.3 绍兴校园食品供应链核心企业的社会责任实践

3.3.1 浙农茂阳：做"两优五心"企业

浙江浙农茂阳农产品配送有限公司是浙江省供销合作社社属企业，也是学校食堂食材配送领域专业的配送单位，为绍兴当地4个县（市）约600家学校和单位的食堂配送食材，日配送额约150万元。

浙农茂阳采用有效的集约模式，在农（牧）产品的种植养殖—加工—销售一体化经营领域做出了成功示范，实践了"从农田到餐桌，从种子到筷子"的农业全产业链模式。浙农茂阳始终贯彻"四位一体"要求，即原则上品质保证、配送上专业化、反馈机制上快速有效、设备上数字化信息化，为学校及单位客户提供优质产品、优质服务，切实做到以"两优"立身。

浙农茂阳敏锐地意识到，从"农田到餐桌"是食品安全的保障体系，"从种子到筷子"则是营养健康的保障体系；做"五心"企业，用真心、用心、专心、贴心、细心，确保"从农田到餐桌，从种子到筷子"的安全和品质，让学校、学生等所有客户省心，让农民开心，让政府放心。用"两优五心"给企业文化定向，做"善企业"，成为浙农茂阳的差异化竞争优势。

3.3.2 浙江雄风：从放心店到品牌店

创立于诸暨的浙江雄风超市有限公司是"浙江省百县万村放心店工程"承办企业、商务部"万村千乡市场工程"承办企业、"浙江省重点流通企业"。

2007 年，诸暨市实施"平安诸暨建设"项目，其中平安校园建设是一项重点。在平安校园建设中，校园小店的食品安全始终关注度很高，因为垃圾食品多、商品价格高，家长投诉很多。基于这一状况，市政府领导提出，教育局和工商局联合出台措施，改变校园店的运作模式，面向社会招标，让品牌店入驻校园。雄风凭借在"万村千乡市场工程"中开办农村放心店的丰富经验，开始组建校园店团队，参与竞标，并成功中标。

当时诸暨市教育部门评标的标准，主要考虑企业规模、管理制度、人才储备、物流建设等技术分，权重约占 60%—70%；在商务标部分，主要标准是：经营者销售的商品及价格，需经过学校的后勤部门审核、备案。在这种管理模式下，经营者的利润空间被挤压了，但雄风认为，企业应该让利，让学校、学生享受到超市的售价。

在校园店的日常管理中，雄风实行分片区责任制，把所有服务的学校划片区，分为片区区长、店长两级责任制，片区区长负责与校方管理层沟通；校园店的员工接受双重管理，既受校方管理，也受公司管理，以此提高校园店的规范水平和服务水平。

雄风校园店实行"七统一"，即统一牌匾、统一制度、统一标识、统一台账、统一承诺、统一价格、统一直营。公司管理层坚持绝不因短期利益而牺牲企业的品牌形象，要通过高效、敏捷的供应链管理，降本增效、提升价值。

十余年里，雄风校园超市精心耕耘，未发生一起食品安全事件。截至 2018 年底，雄风在绍兴市建立了 1 家校园四星级门店、49 家三星级门店、11 家二星级门店，全面迈入了校园品牌超市建设时期。

3.3.3 一禾餐饮：知行合一，回报社会

绍兴市一禾餐饮管理有限公司拥有十余年餐饮服务的经验，2007 年，一禾开始开展学校食堂托管服务；2014 年，在绍兴市市场监督管理局的指导下，公司投资 2000 万元，在越城区高新区建成了一个 3000 平方米的中央厨房。作为主城区第一家"中央厨房"，一禾全流程严格按食品安全生产规范运行，截至 2018 年底，每天向学校、机关等企事业单位配送团队餐 5000 余份，单餐生产能力达 2 万份。

一禾的员工自己总结说，学校托管是 1.0 时代，中央厨房是 2.0 时代，公司即将开办的早餐门店，将是 3.0 时代。在一禾的成长轨迹中，保障食品安全、履行社会责任是一条重要的主线。

为更好地保障校园饮食安全，一禾积极实践"互联网 + 智慧餐饮"，采取线下、线上双重保障模式，把从基地到餐桌作为一个闭环进行管理。

线下的主要保障措施包括：一是基地保障。公司拥有蔬菜种植、养殖基地 1000 多亩，并与被列为市级菜篮子工程的基地建立合作关系，确保食材的安全、新鲜优质。二是原材料采购保障。一禾在遴选供应商时，优选龙头企业，并定期走访、约谈，按月对供应商进行考核，实行优胜劣汰，确保产品品质。三是配送保障。

公司严格执行用车规范，及时清洗保洁，运输前后均进行消毒，消除质量安全隐患。

线上的主要保障措施包括：一是建立食品安全信息管理系统，对基地及食材、食品实行远程监控，在一禾的中央厨房可以实时共享基地信息；二是建立食品安全追溯系统，该系统可通过食材、供应商、订单三个维度进行查询、反馈，有效满足学校、监管部门等不同人员的食品安全追溯需求。

绍兴是王阳明的故乡，一禾始终恪守"知行合一，回报社会"的企业理念，在食品供应链上积极发挥责任牵引的作用。

3.4 创新性

3.4.1 地方政府推进食品供应链社会责任的政策创新

一般而言，市场失灵的外部性和内部性会使社会产生对政府规制的需求。政府规制即是指政府在企业行为与社会共同目标出现不一致时，所采取的调节措施和行为限制。

在目前食品供应链内部企业社会责任行为无法自发地形成良性互动与收益平衡的情况下，适当的政策干预就成为必要。政府通过法律、制度规范对企业经济活动进行干预和约束，排除导致市场机制失灵的因素，实现资源优化配置。绍兴市从制度理论层面的合规性与效率两方面着眼，探索构建校园食品供应链社会责任治理的制度基础、实现机制和监督机制，在供应链社会责任发展进程中是全面参与者，承担了规制者、推进者和监督者的三重角色。其中，完善制度规范是基础，创新推进方式是手段，加强责任监管是保障。

在规制建设方面，绍兴市通过出台"百万学生饮食放心工程"的两个三年行动计划以及《绍兴市学校食堂大宗物品定点采购实施办法》《绍兴市食品安全责任保险试点工作实施方案》等政策规范，用制度安排对食品供应链各个环节企业的地位、话语权、市场影响等方面进行调节，修正供应链社会责任行为所带来的成本支付和收益分配严重不匹配、失衡、错位等治理结构问题，培育供应链企业履行社会责任的动力机制。

在推进机制建设方面，绍兴市以推行责任采购为抓手，通过建立新的技术标准促进企业履行社会责任，具体包括：学校食堂经营取消个人承包制，采用"自主经营""自主经营委托管理"和"委托管理"三种模式，后两种模式打破了传统的利益格局，为学校食堂提供餐饮服务的企业在一定程度上成为不以追求自身利润最大化为经营目标的社会企业；针对校园商店的经营，由校方制定商品目录和限价规则；引入食品安全责任保险，全市校方责任险实现学校、学生"两个全覆盖"，加大金融支持供应链社会责任治理的力度。可见，绍兴市以社会责任理念和战略为指导，以利益相关者参与为手段，从责任采购的组织管理、制度建设、能力建设、信息披露、合格供应商管理和保障体系等方面，初步构建了校园食品供应链社会责任治理的实施范式和框架。

在监督机制建设方面，绍兴市以"一校四员"综合治理机制为载体，全面落实市场监管网格员、城管执法网格员、学校安管网格员和镇街协管网格员"四员网络",加强政府、监管部门、学校、社区的协作联动;同时,搭建学校、家长互动平台,比如开展"家长开放日""家长评议团""食堂博客""万名家长进食堂"等活动,每所学校都邀请家长代表和学生一起就餐体验,进行现场观摩、检查和评议。实践结果表明,在合理的制度框架下,各利益相关者获得了参与校园食品供应链治理的渠道,建立了有效的第三方监督机制,最终使政府、市场、社会、公众"四位一体"的架构发挥现实效用。

3.4.2 价值链导向下的市场主体创新和企业家精神培育机制创新

通过绍兴实践可以看出,在供应链社会责任治理过程中推行责任采购模式,至少应基于以下八项原则:以社会责任理念和战略为指导、以供应链管理为支撑、以创造综合价值为目标、以利益相关者参与为手段、充分体现社会责任与采购行为的融合、充分体现责任采购在产品和采购过程两个层次均符合社会责任要求、充分体现社会责任与供应商管理的融合、充分体现社会责任管理的系统性。

绍兴为此出台的系列制度规范,体现了在校园食品供应链的采购行为中贯彻落实绿色、道德、透明、廉洁、共赢的社会责任理念,以实现综合价值最大化为目的。在这套制度框架下,供应链上的核心企业及其他各环节企业的管理策略观、整体运作观、供应商伙伴关系观等都将发生根本性的改变。以核心企业浙农茂阳、浙江雄风、一禾餐饮的实践为例，三家企业在履行社会责任、实施供应链责任采购管理的过程中，都在不同程度上实现了商业模式创新、管理模式创新和技术创新。正是创新，也只有创新，才能创造永续发展的价值和企业的核心竞争力，而不是对利润最大化的追求

绍兴市的政策创新和制度设计促使企业社会责任真正融入校园食品供应链企业的经营管理，这些企业通过引入供应链社会责任管理，在成本结构、人力资源、顾客（消费者）角度、技术、风险与声誉管理以及财务绩效等六个方面持续提升竞争实力。同时，这一系列政策鼓励企业参与解决食品安全这一社会问题、增进人民福祉，在机制上为不单纯追求自身利润最大化的企业提供公平竞争的发展平台，为培育企业家精神提供了动力机制。

4. 成效评价

4.1 从校园角度看

通过实施"百万学生饮食放心工程"，截至 2018 年底，绍兴全市基本实现了几个 100%，即大宗食品统一配送或定点采购率、公办学校品牌超市连锁直营率、校园直饮水工程完成率、校园食品安全相关责任险投保率达到 100%，"一校四员"监管机制覆盖率等达到 100%，有效解决了"看得见管不着，管得着看不见"的校园食品安全问题。

4.2 从企业角度看

在政府政策管制、学校学生需求的双重驱动下，参与绍兴市"百万学生饮食放心工程"建设的企业拉升了自身的供应链管理标准，与学校合作的企业全部达到食品安全国家标准、行业标准或地方标准，部分企业已达到欧盟的食品安全标准，或自主研发了企业标准。校园食品供应链上的核心企业既发挥了标杆示范作用，很好地带动了供应链合作伙伴及同业企业的诚信经营和管理升级，同时为自己赢得了品牌美誉度、客户满意度、消费者信任度，实现了稳健增长。

4.3 从政府角度看

绍兴市以打破校园食品供应的利益链为切入口，以打造"零利润、规范化、可追溯"的校园食品保障体系为目标，按照"政府买单、创新模式、强化投入、统一配送、科学膳食、健全机制"的总体思路设计管理机制和监督机制，切实保障了校园"舌尖上的安全"。

5. 经验及启示

5.1 为食品供应链社会责任的公共政策提供了思考框架

从国际经验看，企业社会责任是可持续发展政策框架中的管理工具，要让"企业社会责任"可操作，须将企业社会责任与"企业构想"和"社会构想"相结合,因此本案例研究强调,企业社会责任是社会公共政策与制度规范的组成部分,并把"企业社会责任立法"研究放在"国家框架中的企业社会责任背景"下开展,按以下次序开展研究:制度参考框架、经济及社会历史、商业制度和商业文化、企业社会责任的方法。

政府有效介入企业社会责任建设,并在这一进程中起到主导和驱动作用,已成为普遍的国际经验。在此过程中,政府承担着三个角色:一是规制者,进行企业社会责任的制度设计、相关立法、出台技术标准等;二是推进者,规范信息披露,推行责任采购,引导责任投资,完善激励机制;三是监督者,强化责任审计,进行信息备查,推行责任认证等。在我国大力提升国家治理能力现代化水平的背景下,政府通过制度、法规对企业经济活动进行干预和约束,以防止和排除致使市场失灵的诸多因素,实现资源配置最优化。因此,政府角色和政策选择至关重要。

我们以绍兴市推进实施"百万学生饮食放心工程"的具体做法为案例,通过分析和研究校园食品供应链的安全机制构建,力图解决三个核心问题:一是通过供应链企业承担食品安全责任的动因与行为博弈分析,探索可操作的供应链社会责任的持续优化和管理模式;二是基于企业社会责任发展过程中的社会经济和文化背景,形成我国企业社会责任建设的合理的制度框架和实现机制;三是创新运用我国企业社会责任的监管框架和关系型治理方法，形成现代意义上的政府、市场与社会三者之间关系的制度化与法律化调节机制。

在本案例中，我们提出"企业社会责任体系的构建，制度安排重于战略考量"的基本观点，倡导将社会责任融入供应链协同创新，促进企业社会责任内化为制度层面、企业层面和社会层面形成共识的长期承诺、制度安排和整体规划，提升各级政府的法治建设和治理能力现代化水平，构建安全、健康、可持续的食品供应链。

5.2 为落实企业食品安全主体责任提供了社会责任视角的行动框架

食品安全责任是食品企业的首要社会责任。本案例至少从社会责任的两个角度提供了企业全面落实食品安全主体责任的行动框架。一是从社会契约理论的角度，绍兴实践为校园食品供应链内外部的各个利益相关者提供了关系型治理的路径；二是从社会责任公共政策的角度，绍兴案例从规制、推进、监督三个层面，提出了以制度安排、可持续供应链、责任采购管理为核心的食品供应链社会责任治理的操作框架。

绍兴案例所涉企业的成功运营也给了我们启示：当代商业社会已步入复杂而多元的"关系管理时代"，企业的长期成功不仅仅依靠传统的规模经济效益、产品导向和市场导向战略，不仅仅以赚取短期利润最大化为经营目标，而且越来越需要在获得经济效益的同时，积极承担社会责任，关注社会效益的提高，做到遵守商业道德规范、合法合规经营，通过为各利益相关者创造价值，构建和谐共赢的新型商业生态，使企业获得健康持续发展的能力。企业把社会责任战略融入经营管理，是其落实食品安全主体责任、实现永续发展的根本途径。

6. 有待探讨或需进一步完善的问题 ✏️

本案例分析研究的重点是绍兴市在"百万学生饮食放心工程"实施过程中，采用关系型治理方法，以企业社会责任理念与战略为指导，为校园食品供应链社会责任治理构建新的公共政策体系。下一步，围绕宏观和微观两个层面，进一步探索和完善。

第一，在构建包括食品供应链关联企业、消费者、政府、监管者等在内的校园食品供应链安全机制的过程中，绍兴市很好地发挥了政策干预机制的作用。未来，应进一步探讨各种政策工具如何更有效率地发挥作用，以及发挥作用的边界和条件分别是什么，进一步提高政府管制与市场机制的协调性和协同性。

第二，在现阶段推行校园食品供应链责任采购的过程中，责任采购的能力建设、绩效评价、信息披露、奖惩机制等关键操作环节亟待完善、提升，尤其应注重建立健全信息披露制度、信用制度和激励与惩戒机制，针对履责良好的企业，出台激励措施，包括补贴资助、技改贴息、责任信贷等。

第三，在供应链社会责任治理结构中，在发挥核心企业引领作用的同时，进一步探索供应链上中小企业的角色定位、能力提升、利益分享等问题，探索普惠共享的制度设计方向。

7. 总结 ✍

推进食品供应链社会责任是一项长期、复杂的综合性任务，涉及经济、社会、环境、政策、法律等各个领域，覆盖面广，技术要求高，社会效益大，对食品安全保障水平的提升至关重要。

绍兴市按照"政府顶层设计、企业主体实施、部门依法监管、社会多方参与"的原则，大力推进校园食品供应链社会责任建设，通过适当的制度安排弥补市场机制的缺陷和供应链内部结构的不足，将各利益相关者的责任转化为一种对共同责任的认知。

本案例的重要贡献在于：绍兴市在"百万学生饮食放心工程"实施过程中的政策创新，为食品安全监管和食品企业履行社会责任两者都提供了将治理和可持续发展的视角纳入进来的一种操作框架，并从公共管理和制度安排的角度、从商业领域的角度探索了企业社会责任政策制定的思路。这两个角度是影响企业社会责任推进的关键变量，它们带来了对于企业社会责任的健全态度，丰富了我国现阶段食品安全治理体系的内涵、理论与实践。

　　企业社会责任理论已经被经济学界、法学界、社会学界广泛接受。同时，企业履行社会责任所带来的经济效益和社会效益也逐步凸显，进而引起了国家层面和国际层面对企业社会责任的关注。美国、日本、印度及大部分欧洲国家，作为企业社会责任理论实践的领先国家，都已将企业社会责任的理念纳入法律体系之中，中国也在进行相应的研究和实践，尤其是党的十八届四中全会把"加强企业社会责任立法"提上议事日程，"中国企业社会责任立法重大问题研究"理所应当成为重大课题，其中，食品安全是一个重要的专题。

　　关于国内社会责任立法应包括的内容，有以下三项：构建企业社会责任理论的法律制度、建立企业社会责任的监管机制、加强企业社会责任的执行力度。企业社会责任最初以道德责任的形式出现，后来，一部分企业社会责任逐渐发展为法律责任和软法责任，并同道德责任并存。由于法律责任能够依靠国家强制力保障实现，因而责任法律化、具体化后，企业社会责任的实现便变得非常确定。这一特点在食品安全领域十分突出，食品企业的道德责任并不足够，所以《食品安全法》和作为软法的食品安全标准体系至关重要。

　　在企业社会责任立法重大问题的研究中，企业社会责任的具体法律制度研究是重要内容，而长期以来，在推进企业社会责任的过程中，政府的角色始终是缺位的，"中国企业社会责任立法重大问题研究"总结归纳了具体部门法对于企业社会责任规定而形成的法律制度，主要包括信用制度、奖惩制度等制度性总结的研究，通过具体法律制度的研究，形成一套较为完整的企业社会责任立法体系。绍兴"百万学生

典型案例①

饮食放心工程"这一案例，体现了围绕社会责任的具体法律制度的构建和实施路径，对当前研究企业社会责任立法体系有较大的借鉴意义，应纳入"中国企业社会责任立法重大问题研究"的专题案例。

「点评专家
赵旭东
中国政法大学民商经济法学院
副院长、长江学者

媒体食品广告"双全"监管模式

——从事后干预到事前预防的行政职能转变途径创新

1. 概述 ✎

近年来，我国食品安全事件频发，政府部门解决食品安全问题的通用模式是"问题食品——媒体曝光——行政介入——问题解决"，这种做法既不能及时消除问题食品对消费者健康的危害，也满足不了群众对食品安全的更高期待。如何从源头上保障消费者吃得放心、吃得健康，一直是消费者普遍关心、政府部门积极探索的重要课题。2017年以来，浙江省绍兴市按照食品安全"四个最严"的要求，坚持问题导向，紧抓关键环节，发挥机构整合优势，建立广告监测、人员培训、指导员派驻、预警防范、联席会商"五大机制"，构建了以事前预防为主、疏堵并重，覆盖事前、事中、事后三个环节的"全过程、全领域"市级媒体食品药品广

079

告监管模式，探索出了一条食品安全广告监管的新路径。

这一食品广告监管新模式，实现了单向监管模式向联动协作、事后查处为主向事前疏堵并重、被动接受监测向主动排查整改的"三个转变"，大幅度降低了媒体广告违法率，取得了明显的监管成效。为此，绍兴市在国家食品安全示范城市创建和农产品质量安全县创建工作现场会上作经验交流，受到了原国家工商行政管理总局的充分肯定。

2. 案例背景

2.1 我国食品安全监管的政策法律背景

食品安全关系人民群众的身体健康和生命安全，是人民群众对美好生活的最基本需要，是政府、社会和企业的共同追求。党的十八大以来，习近平总书记坚持以人民为中心的发展思想，就食品安全工作提出了一系列新思想、新理念、新论断，深刻阐述了食品安全工作的重大意义、指导方针、治本之策、责任体系、目标要求，为做好新时代食品安全工作提供了行动指南。保障食品安全，既要树起诚实守信的道德标杆，增强企业主体责任意识，激发高质量发展的内生动力；又要严字当头、重典治乱，以改革创新深化市场监管，以良法善治维护公平竞争，以"四个最严"保障"舌尖上的安全"。

2015 年 4 月 24 日，《中华人民共和国食品安全法》经由中华人民共和国第十二届全国人民代表大会常务委员会第十四次会议修订通过，自 2015 年 10 月 1 日起施行。修订后的《食品安全法》总则中规定了食品安全工作要遵循预防为主、风险管理、全程控制、社会共治的基本原则，要建立科学、严格的监管制度。预防为主方面，强化了食品生产经营过程和政府监管中的风险预防要求。风险管理方面，提出了食品药品监管部门根据食品安全风险监测、风险评估结果和食品安全状况等，确定监管重点、方式和频次，实施风险分级管理。全程控制方面，提出了国家要建立食品安全全程追溯制度。社会共治方面，强化了行业协会、消费者协会、新闻媒体、群众投诉举报等方面的规定。这些规定为加强食品安全监管指明了努力方向、提供了法律保障。

2.2 我国食品药品广告的现状分析

　　广告作为商品信息的重要传播途径，为人们日常生活消费提供了购物指南，营造了便利环境。总体来说，我国食品药品广告业在规范有序和健康发展的轨道上，为促进行业繁荣发挥了不可替代的重要作用。然而，近年来频繁发生的重大食品药品安全事件，诸如八宝强肾汤、"藏秘排油"减肥茶、鸿茅药酒、权健保健品、"今日头条"和"抖音"发布的"邦瑞特生发神药"等，使违法食品药品广告问题成为社会焦点。其中，食品、保健食品、药品欺诈和虚假宣传问题比较突出，社会反应强烈。违法食品药品广告不仅侵害广大消费者合法权益，损害企业信誉，同时还扰乱市场秩序，破坏政府和媒体的公信力。

究其根本，食品药品广告违法的成因主要有四个方面的因素。

第一，食品药品生产经营企业利益驱动。一些企业为牟取暴利，不惜伪造、提供虚假证明材料，采取大范围、高密度广告宣传的手段，肆意夸大产品性能以追求轰动效应，损害消费者利益。

第二，广告发布者违规操作。一些广告经营者和发布者不认真履行审查广告内容的法律义务，片面追求经济利益，"只拉广告不把关"，疏于监管。

第三，监管处罚力度不足。有关部门受制度、人员以及地方保护意识等因素的制约，对广告经营者、广告发布者的规范化管理失之于宽，对违法广告的打击缺乏力度，对违法者处罚偏轻，客观上助长了虚假食品药品广告的低投机成本、高投机利润现象。

第四，公众食品药品安全意识薄弱。一些消费者缺乏理性消费意识，对媒体和明星盲目崇拜，一定程度上为违法食品药品广告提供了生存空间。因此，加强食品药品广告监管，规范广告市场秩序，势在必行、刻不容缓。

3. 案例介绍

3.1 绍兴市探索"双全"监管模式的基本动因

3.1.1 加强预防和事前管理的需要

无论从保障食品安全的大格局着眼，还是从食品广告监管的微视角入手，我国和国际社会在食品安全监管与社会共治的聚焦点，都正在从"事中监管、事后处罚"向"事前预防管理"转变。

从监管实际来看，绍兴市坚持解放思想、实事求是，立足于自身监管难点和存在的问题，突破原有监管理念束缚，主攻监管薄弱环节，为探索"双全"监管模式扫清了思想障碍。

2016年，绍兴市级媒体广告出现违法率大幅上升的情况，不仅对市级主流媒体形象带来不利影响，也扰乱了食品行业正常秩序，破坏了绍兴市平安创建、食安创建的工作氛围。对此，绍兴市市场监管局及时组织市级主流媒体，开展行政约谈，共同分析原因，查找问题根源，寻找应对之策。经过深入分析研究认为，媒体内部审查人员业务能力不足、广告发布审查把关不严、发现处置问题反应不快等方面情况，是造成违法广告持续增多的主要因素。

面对媒体广告业的严峻形势，绍兴市市场监管局与绍兴日报社、绍兴广电总台共同研商广告管理措施，建立了协作管理工作机制，明确从监测前移、能力提升、渠道畅通等方面入手，加强联动协作，全力破解违法广告率上升难题，营造全市媒体广告发展的良好环境。

3.1.2 优化消费环境的需要

食品安全与人民生产生活息息相关，而食品广告是食品消费的第一道窗口。对于监管部门来说，营造公平有序的市场环境和安全放心的消费环境，是扩内需稳增长、惠民生福祉、促和谐稳定的重要内容。而放心消费是优化消费环境的重要组成部分，也是市场监管部门优化消费环境的有力抓手。从受众角度来看，食品广告传播面广，传播力度强，加上人们对媒体权威性的认可以及对监管部门的信任，消费行为很容易受到食品广告的影响，一般更愿意消费广告力度大、知名度高的产品。这就为加强食品广告监管提出了现实挑战。因此，为了提高消费环境安全度和消费者满意度，绍兴市严格食品广告监管、前移广告监管关口，这是实现放心消费、推进消费环境优化的必然选择。

3.1.3 媒体加强"双效益"建设的需要

社会主义市场经济体制条件下，实现经济效益与社会效益双赢是媒体持续健康发展的应有之义。从媒体角度讲，广告收入是目前媒体运营的主要经济来源之一，也是媒体经济效益的直接体现。媒体的广告收入状况与媒体品牌经营状况的关系表现出一种良性互动，因而媒体的社会效益与经济效益也是一种良性互动关系。媒体品牌价值高，宣传效果就好，媒体产生的社会效益就高，从而形成良性互动。媒体每一次宣传及社会效益的实现，都使受众的信任度与忠诚度得到进一步提高，媒体的权威性、影响力进一步增强，品牌的价值也就由此而一升再升。所以，只有确保媒体宣传质量与效能的不断提高，实现媒介的社会效益指标的最大化，才能构建起品牌的优势力量。围绕净化食品广告市场环境的目标，绍兴日报社与绍兴广电总台配合市场监管部门，完成广告监测点的建设，先行审查将要发布的广告内容，重视提高社会效益，这对于媒体来说就是加强自身品牌化建设的重要举措。

3.2 绍兴市"双全"监管运行机制的构建

绍兴市坚持"依法履行职责、强化协作配合、操作务实高效"

的理念，建立健全了市级媒体广告"双全"监管的五项机制，充分发挥广告监管部门职能优势，与市级媒体单位通力合作，全力构建广告监测关口前移的工作模式，大力提升市级媒体防范违法广告的水平和能力，为市级媒体食品广告发布工作降低风险、化解危机，有效促进了市级媒体广告业的健康发展。

建立市级媒体广告监测机制。绍兴市市场监督管理局在绍兴广电总台、绍兴日报社等市级主流媒体单位建立广告监测点，选优配强工作人员，前移广告监测环节，与市级媒体内部广告审查机制进行无缝对接，在广告发布时对广告内容进行即时监测。对监测中发现的问题，第一时间进行沟通和修正，改变了以往事后抽样监测的监管模式。这一机制为食品广告监管构筑了新的平台和阵地，解决了食品广告监管流程跨部门对接的难题。

健全媒体广告培训机制。绍兴市市场监督管理局在绍兴广电总台、绍兴日报社等市级媒体发布单位设立广告法律知识培训点，定期对市级媒体的广告审查员、广告业务员及其他相关人员进行广告法律业务培训，提升市级媒体广告审查水平和自律意识。这一机制从根本上提高了从业人员的广告业务水平，有效解决了食品广告监管人员能力素质提升的问题。

建立广告审查指导员派驻制度。由市场监管部门向每家媒体单位派驻一名指导员，加强对市级媒体的广告经营业务指导，注重法律引导，协助市级媒体做好广告监测和审查工作。每季度开展一次违法广告典型案例剖析活动，找准问题、研判风险、以案促改。这一机制实现了监管部门与媒体之间的常态化沟通与协作，很好地解决了食品广告专业化审查和应急处置问题。

建立违法广告预警防范机制。市场监管部门与媒体定期疏理、汇总市级媒体广告监测情况，建立问题清单。对于存在的突出问题予以及时通报，明确广告审查重点方向，引导媒体严格把好审查监测关口，提示媒体广告发布审查的要点，预警、防范违法广告行为的产生。这一机制直指违法广告的产生机理，明确了广告监管的着力方向，初步实现了食品广告源头治理和常态化、长效化监管。

建立广告发布联席会商机制。每季度由市场监管部门牵头召开广告发布联席会商会议，交流广告审查协作监测和管理工作情况，探讨和处置广告审查中遇到的疑难问题，明确下阶段广告审查监测的重点方向。这一机制使各相关机构发挥了职能优势，解决了违法食品广告长期以来难以实现群防群治、协作共治的问题。

3.3 创新性

3.3.1 预防为主的监管理念创新

绍兴市坚持以人民为中心的发展思想，从维护人民群众的切身利益出发，围绕对人们食品消费负面影响极大的食品广告违规、违法问题，确立监管模式的创新方向。坚持问题导向，针对市级媒体广告违规违法的突出问题，寻找食品广告风险事前预防的有效方法。坚持源头治理，绍兴市市场监管局与媒体联合，积极寻求社会力量，创立联动机制，促进社会共治。实践证明，绍兴市通过监管理念的创新，正确处理了传承与创新的关系、管理与服务的关系，在履行监管职能时，采取提前介入、预防为主、主动服务等新方法，帮促媒体和广告主（企业）向规范运行、守法经营的良性方向发展，实现了从监督型向服务型的作风转变和监管方式转变。

3.3.2 靶向施策的监管机制创新

绍兴市针对现实监管难题，统筹监管力量，发挥机构优势，强化协同执法，精准施策，取得了良好的食品药品广告监管效果。具体措施包括：建立部门"横向协同"的食品药品广告监测监管机制，加强事前的食品药品广告审查和跟踪监测工作，及时制定食品药品广告发布清单；实时监测媒体、互联网食品药品广告发布情况，定期发布媒体广告信用评价报告；定期对食品药品广告的监测报告进行汇总、梳理和分析，以通报、行政指导、案件交办等形式，对监测中发现的问题进行处理。建立系统内上下协同的食品药品广告监测监管机制，对各级媒体广告发布实施监测，定期发布广告监测报告，及时交办监测中发现的食品药品违法广告案件。根据属地管辖原则，由各区、县（市）市场监管局负责辖区内媒体发布广告的投诉举报处理和违法广告案件的查办等日常监管工作。同时，绍兴市食安办积极发挥综合协调的职能作用，牵头协调食品药品广告的突出问题整治、疑难问题界定、部门职能交叉、重大案件处理等工作，确保各职能单位广告监管执法工作无缝对接、精准施策。

3.3.3 流程再造的监管模式创新

绍兴市市场监管局大力推进监管模式创新，实施"双全"食品药品广告监管模式，正是着眼于行政监管流程再造，为制度化监管、无缝化监管创造新条件、开拓新空间。绍兴市市场监管局注重抓好制度建设，制定并实施了一系列工作规范和方案，设立了绍兴市广告监测中心绍兴日报社和绍兴广电总台广告监测点，召开了市级媒体广告协作管理会商会议,建立了广告审查人员微信联络群，定期剖析市级媒体广告案例，发布媒体广告警示，举办市级媒体广告法律业务培训班，与媒体广告内部审查机制进行了全面对接，在广告发布时对广告进行提前监测，通过优化工作流程，建立监管部门与媒体之间的"无边界"协同机制，在全过程和全领域的食品药品广告监管中形成了监管合力，发挥了整体效应。

4. 成效评价 ✍

绍兴市级媒体食品广告"双全"监管模式运行以来，监管成效明显，全市违法广告率大幅下降，食品药品违法广告同比下降90.2%，整体效果斐然。2017年，共监测市级食品类媒体广告41292条次，查处违法广告10条次；监测保健食品类广告19813条次，查处违法广告5条次。

4.1 从消费者角度

优化消费环境。根据食品广告传播力度大、对消费市场影响力强的特点，通过实施"双全"监管模式，一方面，做到了从源头上把关，提高了广告业主依法经营的自律意识，有效减少了违法广告发生率，防止了不合格产品流入市场，市场消费环境得到明显改善。另一方面，净化了食品广告市场生态，更多合规广告的播放，正面引导了消费者消费预期，促进了食品广告业健康发展，形成了消费市场和消费者的良性互动。

增强消费信心。通过有效监管，消费者对食品广告的内容，对公平合理、诚实信用等商业道德的信任度得到提高，对选择购买知名度大、宣传效果好的食品，排除了后顾之忧，提振了消费者对"品质产品""良心产品"的购买力。由于消费者对媒体广告发布的信任度提升，对政府监管的认可度提高，整体市场消费环境得到优化，为消费者提供了一个获取真实食品信息的平台，消费者权益得到较好维护。

4.2 从监管角度

优化监管职能。绍兴市市场监督管理局强化食品广告监管的预防职能，实现了媒体广告监管从过去的事后抽样监测、查处，向事前培训把关、疏堵并重转变；从个案处罚向行业规范转变；从被动接受监测向主动排查整改转变，从而大大减少了违法广告行为的发生。实践表明，绍兴市市场监督管理局本着监管有效、市场有序、干部有为的原则，探索出了超前预防、全程监管、预警防控的预防式监管机制，推进广告监管从监管部门"单向监管"模式，向监管部门与媒体单位联动的协同模式转变，大大提升了食品广告的监管效能。

重塑市场秩序。食品广告监管是食品安全监管工作的重要一环。由于监管部门的提前介入、提前指导，媒体建立了广告发布联动审查监测机制，在广告发布前主动、自觉排查问题隐患，一旦发现问题，在监管部门的指导下及时进行整改，筑牢媒体广告发布的防火墙，大大降低了广告违法率，市场秩序得到进一步规范。据统计，2017年绍兴市医疗、药品、医疗器械和保健食品等四大类重点监管产品违法广告11条，与上年同比下降97.39%。

夯实共治基础。"双全"广告监管模式运行过程中，媒体与监管系统多部门联动，从审查员派驻、广告法律业务培训班学习，到各媒体自行组建内部广告审查机构，媒体与政府之间的联动呈现跨度大、参与方式多样的特点，媒体逐渐在与监管部门的联动中明确了自身在食品安全领域的角色。可以说，绍兴市先行实践、主动作为，顺应食品安全社会共治这一不可逆转的大趋势，为探索食品安全社会共治的更多可行性路径进行了有益的创新实践。

4.3 从媒体角度

转变广告经营理念。随着广告监管政策日趋严格，市场客户需求也更加多元化，主流媒体在广告经营中如何既符合监管要求，又能平衡市场需求，首先需要转变经营观念，从被动接受监管转为主动要求合规。绍兴市市场监管部门的超前介入、提前指导，使媒体进一步提高了风险防范意识，增强了合规经营理念。

显著提高业务能力。绍兴市级媒体通过与监管部门定期交流沟通、共同剖析违法广告典型案例、参加广告法规及业务培训班、建立广告审查人员微信群，强化了对违法广告的特点和共性的认知，加强了全市范围内违法违规广告的信息共享，大大提升了媒体的法律意识和业务能力。

稳健提升"双效益"。"双全"监管模式的实施使参与其中的市级媒体在形象、信誉度和公信力方面整体得到显著提升，这对媒体自身的品牌化建设大有裨益。良好的媒体品牌形象，带来良好的广告传播效果和稳步增长的经济效益。"双全"监管模式已成为绍兴市级媒体社会效益和经济效益"双效益"同步提升的重要保障。

5. 经验及启示 ✎

绍兴市"双全"食品广告监管模式的构架和运行，重构了政府监管部门和主流媒体在广告监管上的职能分工，双方以互动式、协同式的工作机制，共同承担了绍兴市食品广告整治规范和市场净化的工作职责。围绕效能加强监管，建立预防性机制，强化源头防治，监管与服务并重，风控与创新并举，这是绍兴市市场监督管理局深化行政管理体制改革、转变政府职能的有力举措。

追根溯源是强化监管的前提。找不准病灶，就难以下药。实事求是地发现问题是真抓实干地解决问题的基本前提。就是说，发现问题要找源头，解决问题要移关口。绍兴市市场监督管理局针对2016年市级媒体广告违法率大幅上升的问题，联合相关各方开展深入调查，共同查找原因。分析发现，现行广告监管模式存在较大的不足：过于依赖事后监管，事前缺预防、事中缺控制，这正是媒体广告违法率上升的根本原因。找到了问题根源，绍兴市市场监管局与市级媒体共同研商解决方案，确定了加强事前预防、前移广告监测关口、提升广告监测能力、疏通监督渠道的总体工作思路，有效破解了违法广告率上升的现实难题。

创新机制是强化监管的关键。"双全"模式通过建立健全市级媒体广告监测机制、广告审查指导员派驻机制、违法广告预警防范机制、广告发布联席会商机制、媒体广告培训机制等五大机制，通过完善制度、优化流程、落实责任，将部门之间横向协同、系统内部上下联动的整合优势发挥出来，构建起事前预防、事中管控、事后监督的食品广告全程监管体系，有效提升了防范化解食品广告违法风险的能力。

注重联动是强化监管的重点。绍兴市市场监督管理局强化各部门之间的执法协作，在梳理食品药品广告监管工作要项的基础上，进一步明确了职责分工，细化了由绍兴市市场监管局进行整体广告监测、交办相关案件，各区、县（市）具体查办及日常监督的工作安排。这种系统内的联动作业，发挥了市食安办综合协调突出难点事项的职能作用，有效提高了监管效率。

社会化监管是强化监管的方向。绍兴"双全"广告监管模式，通过寻求媒体协作，共同建立监测、培训、联席会商等管理机制，食品药品广告监管工作从原来市场监管系统的工作变为以主流媒体参与为主的社会化工作，解决了专业性不足、准确性不高、监管效率低、覆盖范围有限等监管难题。监管工作社会化是实现"小政府、大社会"的必然趋势，随着商事制度改革和行政管理体制改革的进一步深化，构建社会化监管体系具有现实的必要性，既有助于突破单一政府监管的局限性，也将引导媒体等参与方增强社会责任感。

6. 有待探讨或需进一步完善的问题

"双全"模式向互联网广告监管延伸应用。目前"双全"广告监管模式主要应用于市级媒体，但随着互联网技术的迅猛发展，网络媒体的宣传力度与影响力不断加强，新媒体广告发展成为新潮流。由于互联网渠道广、传播快，尤其是新型自媒体平台的出现，对互联网广告、新媒体广告普遍存在发现难、核实难、证据固化难和监管难等问题，亟待监管机制的改进完善。"双全"监管模式的原则、机制等，对互联网环境下的广告监管很有借鉴意义，监管部门应与主要互联网平台建立风险预防导向的协同机制，引导平台主动承担社会责任，重点监督覆盖面广、影响力大的门户网站、搜索引擎、微博、微信公众号、客户端等，并引入消费者监督机制和企业信用评价机制，构建一个风清气正、诚实信用的互联网广告环境。

加强信息技术对"双全"监管模式的支撑力度。现阶段，绍兴市级媒体广告监测点以及市级媒体内部广告的审查工作均是由人工完成；另外，现场集中式的广告法律知识培训、广告审查指导员的派驻需要大量人力、物力的支持，资源消耗大，效率和时效也受到局限。根据"双全"监管模式的操作需求，应加强信息平台建设，实现广告监测数据共享和风险预警智能化，将人工审核与技术审核相结合，及时清除对消费者具有误导性的广告。同时，监管部门应支持鼓励互联网企业开发辨认违法虚假广告的人工智能系统，用以监管、清除虚假产品评论、评分，打击水军、刷单等行为，增强监管者、媒体与消费者、企业的实时互动。

7. 总结

绍兴市市场监督管理局坚持问题导向，针对食品药品广告监管的关键点和难点，建立健全五大机制，实施"双全"监管模式，即以事前预防为主、疏堵并重，覆盖事前、事中、事后三个环节的"全过程、全领域"市级媒体食品药品广告监管模式。对内，强化市局层面多部门横向联动、构建市级与各区、县（市）局的纵向责任链；对外，主动与市级媒体建立提前预防、及时预警、依法监管的协同机制，并通过制度化、流程化把双方的分工与合作进行固化。

实践证明，绍兴市食品药品广告"双全"监管模式探索出了一条科学监管的可操作的路径，绍兴市市场监督管理局正确处理了广告监管与媒体广告发展的关系，加强食品药品广告日常监测检查，充分发挥广告监测的预警作用，及时处置监测发现的违法广告，加大对虚假违法广告的处罚力度。同时，通过联动监管机制，围绕整治重点，强化广告发布前的审查把关，规范媒体广告发布行为，推动媒体行业自律。

 专 家 评 价

在现代社会，通过广告了解商品是非常普遍的途径，消费者往往在受到广告的影响之后决定购买或放弃购买某一产品。现阶段，媒体频频出现的虚假违法广告使公众对广告的真实度、对媒体的信任度，都产生了质疑，持续不断的违法广告严重扰乱了消费市场环境。

从维护消费者权益、保护大众健康的意义上看，食品药品广告监管比其他类型广告更需要引起监管部门的重视。2018年2月，原国家工商行政管理总局发布《关于开展互联网广告专项整治工作的通知》，加大对危害人民群众人身安全、身体健康的食品、保健食品、医疗、药品、医疗器械等虚假违法互联网广告的打击力度；2019年1月，国家市场监督管理总局发布《假冒伪劣重点领域治理工作方案（2019—2021）》，方案明确，严厉查处虚假违法广告，强化广告导向监管，进一步加大医疗、药品、食品、保健食品等领域广告监管力度。

在贯彻落实上述工作方案、实现"老百姓买得更加放心，用得更加放心，吃得更加放心"目标的背景下，绍兴市食品药品广告"双全"监管的做法具有较强的借鉴意义。本案例对绍兴市的食品广告监管模式进行了深入研究，从我国食品药品广告监管的法规政策出发，具体分析了绍兴市"双全"食品广告监管模式的运行机制、管理机制和运行效果。绍兴市的"双全"监管模式在以下三个方面具有创新价值和可操作性。

第一，建立联动监管机制，强化媒体主体责任。抓制度建设，抓法律培训，抓联合整治，抓环节监管，在媒体及其广告从业人员中树立起法律的权威、建立起法律的尊严，以提高媒体的守法意识和规范管理能力为终极目标。

第二，建立预防机制，提高监管效率。通过风险预防、监管机制、内控管理、监管手段等方面的创新，实现了从事后监管向事前、事中、事后全过程监管的转变；通过内外部"横""纵"两个方面的联动、统筹，实现了从封闭式监管向开放式监管的转变，形成监管合力，提高了监管效率。

第三，加强信息公开，推进信用监管。市场监管部门与媒体通过建立广告监测机制，定期通报和共享监测数据，建立问题清单，及时督促相关媒体加强防范、加强自律。同时，由市场监管部门和媒体发布典型案例，便于广告主对照检查整改，利于消费者提升违法广告识别能力并积极举报。

目前，媒体形态日益丰富，广告样式花样繁多，尤其是随着新媒体的发展，新型广告层出不穷，食品药品广告监管工作量大面广，难度加大。毫无疑问，"双全"模式下的协同监管，依然是应对互联网广告监管新特点、新问题的重要途径。下一步，绍兴市在"双全"监管模式的基础上，应进一步完善互联网广告监测平台的辅助执法功能，通过平台实现各参与方监管部门的协作信息交互，提升监测数据的溯源和分析能力，更好地体现"智慧监管"。

点评专家
马胜荣
新华社前副社长兼常务副总编辑
重庆大学新闻学院名誉院长

典型案例 ③

基层食品安全治理现代化的实现路径

——以绍兴"四个平台"及网格化
监管体系建设为例

1. 概述

从理论和实践的结合上看，基层治理既是国家治理的基石，又是社会治理的重心、难点和希望所在，而基层治理现代化是国家治理现代化在基层领域的延伸。从 2016 年开始，浙江省积极推进基层社会治理创新，探索出了一条以"四个平台"为重要依托的基层治理新模式。该模式以乡镇（街道）综治工作、市场监管、综合执法、便民服务四大功能平台为基础，构建高效的社会事务管理机制，形成科学有效的基层治理体系，提升了基层统筹协调能力和管理服务能力。

按照浙江省的统一部署，绍兴市积极推进"四个平台"和网格化监管体系建设，构建了全市"一盘棋"的工作推进格局，率先在全省实现了"四个平台"基层治理框架全覆盖，推动了基层社会智慧治理，提升了基层治理能力和服务水平，打造了"枫桥经验"现代版，形成推进基层治理现代化的创新样本。

民以食为天，食以安为先。食品安全直接关系人民群众的获得感、幸福感、安全感，是基层治理的重要工作内容。绍兴市高度重视食品安全工作，认真贯彻落实中央和省关于食品安全工作的各项部署，紧紧围绕"让人民吃得放心"目标，深入实施食品安全战略，以绍兴市基层治理体系"四个平台"建设为契机，在全省食品药品监管系统率先提出"基层治理体系'四个平台'标准化体系建设"，努力发挥"四个平台"及网格化监管体系的功能优势，进一步强化基层食品安全综合协调、执法监管、社会共治体系建设，推进食品安全工作重心下移、力量配置下移，增强了基层食品安全治理能力，提升了基层食品安全治理现代化水平。

2. 案例背景

2.1 我国基层食品安全治理的政策背景

党的十八届三中全会首次提出全面深化改革的重大命题，要求完善和发展中国特色社会主义制度、推进国家治理体系和治理能力现代化。此后，中央又分门别类就推进基层治理体系和治理能力现代化提出了具体意见和明确要求，旨在全面提升基层治理法治化、科学化、精细化水平和组织化程度。由此可见，加快基层治理现代化已刻不容缓。党的十九大和十九届三中全会对转变政府职能、调整优化政府机构职能、全面提高政府效能、建设人民满意的服务型政府等做出了重要部署，这对于深入推进基层治理现代化提出了新的更高要求。

党的十八大以来，以习近平同志为核心的党中央高度重视食品安全工作。习近平总书记指出，能不能在食品安全上给老百姓一个满意的交代，是对我们执政能力的重大考验。他还指出，民以食为天，加强食品安全工作，关系我国13亿多人的身体健康和生命安全，必须抓得紧而又紧。2013年，国务院启动了地方食品安全监管体制改革，各地在实践中采取符合实际的监管模式，对食品监管执法力量下沉、基层监管能力增强和执法信息化水平提升发挥了重要促进作用。2015年，我国修订后的《食品安全法》对生产、销售、餐饮服务等各环节实施最严格的全过程管理，强化生产经营者主体责任，完善追溯制度，建立最严格的监管处罚制度，对违法行为加大处罚力度，加重对地方政府负责人和监管人员的问责。党的十九大报告提出，实施食品安全战略，让人民吃得放心。这是新时代食品安全保障的最强音，为进一步推进基层食品安全治理提供了根本遵循。

从浙江实践来讲，早在20世纪60年代，浙江省绍兴诸暨市枫桥镇干部群众就创造了"发动和依靠群众，坚持矛盾不上交，就地解决。实现捕人少、治安好"的"枫桥经验"。经过半个多世纪的洗礼，来自基层探索和群众实践的"枫桥经验"历久弥新，在实践中不断发展，在发展中不断升华，被赋予"矛盾不上交、平安不出事、服务不缺位"的时代新内涵。进入新时代，"枫桥经验"已经由单纯的化解矛盾纠纷、维护治安稳定，拓展到防范化解各领域风险，延伸到包括基层食品安全治理在内的城乡基层社会治理的各个方面，充分体现了改革创新的时代精神。

2.2 我国基层食品安全治理的现状分析

随着全面建成小康社会步伐的加快，人民群众对放心、健康食品的需求与日俱增，我国食品安全监管工作得到不断加强，群众食品安全意识得到较大提高，食品安全形势总体上不断好转。但是，食品安全工作仍面临着严峻的挑战，特别是基层食品安全困难和问题较多，监管工作仍存在一些薄弱环节，主要体现在以下五个方面。

第一，法规不健全，职责不明晰。现有涉及食品安全方面的法律法规均是对食品生产经营的某个环节或某类产品的专门规定，缺乏协调性和统一性。第二，机构不健全，监管力量弱。现行食品安全监管体制中，基层单薄的管理职权与繁重的工作任务严重不匹配，基层统筹协调与部门派驻机构"两张皮"问题普遍存在。第三，监管点多线长，监管任务重。基层监管主体庞大、监管工作职责纷繁，监管环境复杂，致使市场监管力量相对薄弱，面宽量大、点多线长，严重超负，难以满足监管需要。第四，经费投入不足，检测能力不足。由于投入不足，基层食品监管部门检测设备不全，缺乏食品安全监测的科学技术手段，检测方式较落后，日常监管手段滞后。第五，安全意识不强，监管隐患多。基层群众缺乏必要的食品安全科普知识，消费安全和法律意识薄弱，给"问题食品"提供了生存空间。

基层食品安全监管突出问题的成因主要有两点：一方面，食品安全法律法规执行难、落地难。随着我国市场经济体制改革不断深入，新情况、新问题不断涌现，致使政策法规更迭频繁，立法不完备、配套法规欠缺等问题频频发生，食品安全监管在基层行政执法中常处于无据可依、有据难依、无所适从的尴尬境地。另一方面，我国食品安全基层监管队伍专业化、职业化建设滞后，监管队伍中的专业人才不足，专业教育、人才选拔、实务训练、薪酬保障、职业道德约束等制度都尚未建立或完善。

因此，深化食品安全监管体制机制改革仍然是一项基础性、长远性、战略性的工作，需要紧紧抓住食品安全领域存在的突出矛盾和问题，持之以恒加强源头治理，强化监管措施，增强监管统一性和专业性，切实履行属地管理责任和监管职责，完善体制机制，创新监管办法，不断提高食品安全治理能力和保障水平，守护好"舌尖上的安全"。

3. 案例介绍

3.1 以"四个平台"为支撑的基层食品安全治理模式

为增强乡镇（街道）管理服务功能，提升乡镇（街道）社会管理和服务群众水平，2016年9月，浙江省提出了加强乡镇（街道）综治工作、市场监管、综合执法、便民服务等四个平台（以下简称"四个平台"）建设，完善基层治理体系。所谓"四个平台"，即综治工作平台：以镇综治办为主体，统筹综治、公安、司法、信访、人民调解、禁毒和流动人口管理等服务；综合执法平台：以镇综合行政执法中队为主体，统筹交警、国土、环保、规划建设、城市管理等管理服务资源；市场监管平台：以市场监管所为主体，统筹食品药品安全、市场监督等管理服务资源，形成"责任明晰、运行高效"的市场监管平台；便民服务平台：以镇便民服务中心为主体，吸纳社保、社会救助、项目服务、商事登记、综合执法、中广有线、燃气、供水、党群服务、社区服务等十个窗口。

按照全省统一部署，绍兴市委、市政府转观念、抓试点、促建设，绍兴市柯桥区于2016年出台《关于加强乡镇（街道）"四个平台"建设完善基层治理体系的实施意见》，作为绍兴市"四个平台"建设试点镇，杨汛桥镇按照"党政主导、公众参与、社会协同、上下联动"原则，开展基层治理体系改革创新试点工作，并取得初步成效。

2017年2月，绍兴市委、市政府召开绍兴市基层治理体系"四个平台"建设部署会，按照"集成化、智慧化、标准化"的特色建设要求，集中攻坚，全力推进综治工作、市场监管、综合执法和便民服务"四个平台"建设，推动更多的行政资源向镇街倾斜，使职权、力量等围着问题转、贴牢一线干。截至2017年5月底，绍兴全市118个乡镇（街道）就已形成"四个平台"治理框架，率先在全省实现了全覆盖。

2018年8月，绍兴市又相继出台了《"四个平台"建设标准化手册》《品牌识别系统》《网格员工作手册》《乡镇（街道）

便民服务中心建设标准》，以及标准化实操手册《典型案例汇编》等一系列宣传手册，全面启动工作制度标准化、信息平台标准化、指挥运作标准化、全科网格标准化、属地管理标准化、便民服务标准化、标识标牌标准化、工作台账标准化为主要内容的"8+X"标准化体系建设工作。

在此基础上，绍兴市全力推动打造标杆乡镇活动，围绕"随时可查可看"的建设目标，明确以"认识理解更深刻、综合指挥更有力、平台构建更规范、属地管理更有效、全科网格更科学、运行机制更完善、便民服务更到位、运行成效更明显"等"八个更"为主要内容的标杆乡镇建设标准。截至2018年底，越城区皋埠镇、柯桥区杨汛桥镇、上虞区崧厦镇等25个标杆乡镇已打造完成。

绍兴市委、市政府提出，"四个平台"建设要着力破解基层治理中存在的事在乡里与权在县里、条块分割、人民群众诉求与公共服务供给之间三大矛盾和难题，重点推进一个指挥中心、一张综合网、一套运行机制等"三个一"建设，推动中心工作落实落地，全面提升基层治理能力。

针对信息如何收集、运行机制如何确立，特别是县乡、部门之间的信息渠道如何打通、事件发生时如何联动等一系列难题，绍兴市在多年实践经验的基础上，按照"谁用、用什么、怎么用"的思路，深入调研分析基层平台功能需求，结合绍兴实际，对市级部门延伸乡镇（街道）使用的智慧安监、食安通、河长通、民情通等APP平台进行了应用整合。与此同时，绍兴市自主开发了一套"贴合紧、功能全"的基层治理"四个平台"信息系统,并在全市推行应用,变"七通八通"为一通。该系统是一套以浙江政务服务网为主依托,互联网、广播电视网为辅助,覆盖手机端、PC 端、电视端的综合信息系统,系统预设 10 大类 42 小类的事件处置流程,可实现事件分类、分级、分流处置流转自动化;基于 GIS 地图应用,可实现网格、人员、事件、监控、广播等可视化呈现。截至 2018 年底,该平台已经从 1.0 版本升级为 3.0 版本,实现了信息收集、交办、处置、督办、反馈、考核全流程闭环、留痕管理。至此,"全市一体"的平台信息集成"一张网",基本架构完成,打通了市县乡三级信息渠道,全面提升了各乡镇(街道)对突发事件的应急指挥能力和日常的管理服务能力。

3.1.1 "四个平台"的构建及运用

绍兴市在全省率先提出"基层治理体系'四个平台'标准化体系建设",系统说明了"四个平台"的概念、组织架构、职责任务等基本内容,明确了网格设置标准、岗位职责和任务清单等工作标准,构建了"四个平台"有效运行考评体系,通过"大数据"资源推进智慧化建设,加强网格员队伍建设,让基层信息的来源渠道越来越宽,实现基层治理共建共治共享。

建设"四个平台"基层治理体系,主要有四项任务:

第一,加快信息系统整合。加快"一张网"建设并实质性向下延伸,整合开发通用软件,统一部署、统一推广,支撑乡镇"四个平台"运转,打通信息孤岛,不搞低水平重复开发。第二,解决综合执法、市场监管平台布局问题。高规格配备执法队伍，进一步充实一线执法管理力量，推进基层执法清单化、标准化、法治化。第三，落实派驻机构人员属地管理。按照缩短管理链条原则，探索建立矩阵式管理工作机制，在明确属地管理的前提下，抓紧完善配套制度，优化工作规则，整合工作流程，提升工作效率，确保派驻机构人员履职到位。第四，深化全科网格建设。进一步整合相关部门在村（社区）的各类辅助工作力量，建立健全专兼职网格员队伍，由乡镇（街道）统筹调配到网格。

绍兴市市场监管局通过平台建设运行、市场监管人员下沉、食品药品安全协管员及信息员业务培训、信息上报等环节形成了基层食品安全治理工作模式，具体措施如下。

一是推进平台建设运行。按照"先试点、后推广"的方式，在柯桥区杨汛桥镇试点的基础上，在全市118个乡镇（街道）全部完成市场监管平台建设，由镇街食安办承担市场监管平台统筹协调工作。二是配备平台人员。加大派出机构建设和人员下沉力度，实行县级市场监管局和属地镇（街道）"双重管理、属地为主"的管理体制，业务指导由市场监管部门负责，人员日常管理以镇街为主。全市118个镇街共配备专兼职人员265名，其中专职人员125名，兼职人员140名。全市共有食品药品安全协管员2706名，信息员1922名。三是开展人员培训。"四个平台"投入建设以来，县、乡两级食安办联合综治、编办等部门积极开展食品药品安全网格员、全科网格员培训工作，不断提高网格员业务素质。四是做好信息上报。整合"食安绍兴"信息化监管平台，推广"四个平台"以及政务通，采取纸质台账、QQ群、智慧治理APP、政务服务APP等多种报送方式，确保信息报送通畅、及时、有效。

3.1.2 网格化监管的发展及运行

绍兴市按照大小适度、便于管理的原则，高规格建设全科网格，通过对网格统一编码，建立网格地图，做到"一乡（镇）一张图，一县一本图"，实现了统一化管理。目前，全市共设置网格8436个，有网格员26059名。面对数量众多的网格，绍兴市构建起综合指挥体系，在区、县（市）均设立了县级综合信息指挥中心，在乡镇（街道）均建立综合信息指挥室，借助自主开发的基层治理综合信息系统，配备专职人员承担日常工作。

食品安全监管的重点在基层，难点也在基层。2014年以来，绍兴市市场监督管理局推行食品安全基层网格化管理，监管机构延伸至全市2620个乡镇（街道、开发区），配备了2706名市场监管协管员和1922名市场信息员，构建起了以乡镇（街道）为"大网格"单元、行政村（社区）为"中网格"单元、一定数量行政村村民小组（居民小组）为"小网格"单元的网格化管理体系，形成了横向到边、纵向到底、包干到人的食品安全监管责任网络。

绍兴市在食品安全监管工作中，尊重实际、大胆探索、勇于创新，从强健基层基础、构建责任体系、落实职责任务、夯实基层基础工作着手，初步形成"站所网格"的监管模式。网格化监管体系的核心就是网格团队建设，使网格员全面掌握社区（村）、网格内各项事务，做到"应知尽知""应能尽能"，充分发挥网格信息的全面采集功能，并提供更为精细化、更具针对性的服务。

在乡镇（街道）层面，设立食品安全委员会，由乡镇政府（街道办事处）主要负责人担任主任，乡镇（街道）食品药品安全委员会下设办公室。乡镇（街道）食品药品安全委员会办公室统筹区域内食品药品安全监管工作，业务上接受上级食品安全委员会及其办公室和食品药品监管部门指导。根据乡镇（街道）常住人口规模和食品药品安全监管任务，合理确定乡镇（街道）食品药品安全委员会办公室工作人员数量。

在行政村（社区）层面，设立食品药品安全工作站。根据常住人口规模，配备食品药品安全协管员，协管员一般具有初中以上文化水平。各行政村（社区）可根据监管任务大小及工作需要划定食品药品安全管理网格，配备食品药品安全信息员，配合协管员负责信息收集、上报和宣传教育等工作。

3.2 基层食品安全治理的具体做法

3.2.1 打通"最后一公里"

绍兴市基层食品安全治理以全市推进"最多跑一次"改革在镇街落地为契机，以"四个平台＋全科网格"为载体，打通服务群众"最后一公里"。2017年以来，随着改革逐步向纵深推进，按照推进"一窗受理、集成服务"向乡镇、村延伸的要求，为让基层群众少跑路、多受益，绍兴市积极探索镇街"四个平台"建设与"最多跑一次"改革融合联动机制。依托省政务服务网、镇街便民服务平台、村（居）代办点和全科网格，绍兴市市场监督管理局主动对接基层群众的民生诉求，实现了群众不出乡镇（街道），甚至不出村（社区）就可知悉并参与食品安全监管，提升了基层群众的获得感。

3.2.2 集成"全市一张网"

绍兴市整合过去的"七网八网"为"一张网"，各类网格员整合为全科网格员，网格员从"单项冠军"变成"全能选手"。同时，对全市网格员基本信息统一格式编码，建立全新的乡镇（街道）基层治理网格地图，实现统一化管理，切实构建起全市一张"综合网"。"全市一体"的平台信息集成"一张网"，基本架构完成后，市县乡三级信息渠道彻底打通，全面提升了各乡镇（街道）对突发事件的应急指挥能力。同时，统筹乡镇及派驻机构相关力量，承担面向企业和市场经营主体的行政监管、行政执法功能，着力抓好部门派驻机构、人员力量、考核管理的"三个下沉"，明确部门派驻机构纳入乡镇（街道）日常管理和考核，区域设置的派驻机构和人员由派驻乡镇（街道）联合评价。截至 2018 年底，一个个实时监控、实时传输的"综合信息指挥室"，已在绍兴 118 个乡镇（街道）全面运转，一张张监控严密、处置快速的基层治理网络，实时保障着全市镇乡百姓的食品安全。

3.2.3 实现"最多跑一次"

2017 年以来，绍兴市坚持"真心服务、诚信政府"理念，大力推进"最多跑一次"改革,不断实践,不断创新。截至 2018 年底,全市 118 个乡镇(街道)均已建立便民服务中心,基本实现群众和企业到政府办事"'最多跑一次'是原则、跑多次是例外"的目标要求。积极发挥标准体系的指导、引领和规范作用,依法推进机构职能改革、流程再造,推进证照、审批、评价"多合一",实现资源整合、信息共享,提升智慧化、标准化水平。进一步整合资源、健全团队、提质提能,推动全科网格可持续发展,规范并提升乡镇(街道)便民服务中心和村级便民服务点的运作,梳理公布"最多跑一次"事项,基层群众可通过线上线下方式查询并办理事项,实现了"让信息多跑路、让群众少跑腿"的目标要求,提升了基层食品安全监管和服务水平,提升了群众满意度。

3.3 创新性

3.3.1 监管理念创新

随着我国社会主义市场经济体制的加快完善,通过深化行政管理体制改革,进一步理顺政府职能,使政府更好地发挥经济调节、宏观调控、市场监督、社会管理和公共服务的职能。绍兴市市场监督管理局以深化网格化社会管理创新、"最多跑一次"改革为契机,树立"大监管、大治理、大服务"理念,借助网格化社会管理与服务平台建设,科学合理地划分政府各层级权力和责任,理顺市、区(市县)、乡镇(街道)、村(社区)管理职能,将各级政府和食安办各成员单位的食品安全责任落实到网格、落实到人,推进事权规范化、法治化,从制度上消除管理和执法重叠交叉、权界不清的现象，实现从职能部门"单打独斗"转变为依托基层治理体系综合监管、智慧监管，提升市场监管科学化和信息化水平。

3.3.2 监管方法创新

在绍兴实践中，"四个平台"是基层治理体系的主框架，"三限三分七化"则是工作主模式。这一新的工作模式，有效解决了基层治理的两大实际难题：一是乡镇（街道）"单薄"的管理职权与繁重的工作任务严重不匹配；二是乡镇（街道）与部门派驻机构之间在统筹协调方面存在的条块分割、"两张皮"问题。其中，"三限"指工作清单限定、责任主体限人、处理期限限时；"三分"，指问题分域收集、事件分类处理、反馈分级处置；"七化"指机构设置扁平化、场地建设标准化、管理模式网格化、平台运作智慧化、事项办理高效化、人员管理属地化、公共服务便捷化。"三限三分七化"工作模式合理界定和切实转变了基层各级政府职能，并通过搭建网格化的基层社会管理与服务平台，推进"人、地、事、物、情、组织"等要素的精细化管理。绍兴市市场监督管理局按照"党政同责、一岗双责，分级负责、属地管理"原则，依托"四个平台"建设，运用"三限三分七化"工作模式，充分发挥网格化管理在食品安全监管中的长效机制作用，通过与乡镇（街道）食安办、市场监管所，通过加强与农业、卫生等部门的协作联动，加快构建食品安全基层治理体系，将食品安全属地责任落到实处。

3.3.3 监管技术创新

绍兴市以网格化为抓手、以"四个平台"为支撑的基层治理体系建设，是基层治理、地方食品安全治理加强新技术应用、实现数字化转型的必由之路，也是基层治理能力现代化的重要内容。绍兴的基层治理体系建设体现了"12345"技术应用创新，"1"即建立一个综合信息指挥中心，充分利用大数据、移动互联网、云计算、物联网等信息技术，以GIS地图为依托，通过信息集成和视频技术，实现管控实时化、可视化；"2"即建立镇、村两级联动指挥体系，依托浙江政务网延伸，在镇村全部安装视频会议系统，依托信息指挥平台，对全镇所有村（社区）进行远程指挥协调，形成"大体系、大联动、大数据"格局；"3"即综合集成网格、系统、资源三大要素，打造全科网格，发挥系统平台功能，政府各部门职能实现"条块融合、整合统筹"；"4"即构建综治工作、综合执法、市场监管和便民服务的基层治理"四个平台"；"5"即建立健全统筹协调机制、信息闭环管理机制、网格管理机制、联合执法机制、属地管理考核机制等五项管理机制，将"四个平台"建设和运行制度化、规范化。基层乡镇、街道的监管和服务对象点多面广，而监管力量有限、鞭长莫及是普遍问题，绍兴市通过"四个平台"中的大数据功能，既有利于发现问题、纠错防偏，又有利于提升监管工作的科学性和工作效能，打通了基层监管的"最后一公里"。同时，绍兴市完善、提升了"统筹指挥、信息共享、执法联动、服务优质"的基层市场监管平台运行机制，做到信息上得来、任务下得去、问题解得了、工作推得动，切实发挥了市场监管平台在基层治理中的作用。

4. 成效评价

绍兴市"四个平台"及网格化监管体系建设，通过体制机制的创新和完善，以及信息技术的应用，进一步增强了全市统筹协调能力，有效化解了基层治理难题，有效解决了基层服务"最后一公里"、基层监管"最后一公里"的问题。实践表明，"四个平台"建设推动区县力量向一线下沉，网格力量进一步加强，网格作用得到更好的发挥；"四个平台"建设推动责任分解到一线，通过给网格员赋能、实行闭环运作，确保基层事务处置全程跟踪，区（县）、镇（街道）、村（社区）三级责任体系压紧压实食品安全属地责任；"四个平台"建设推动监管和服务在一线深化，通过"基层为主、三级联动"的网格化体系，政务网向村（社区）延伸，村（社区）便民服务点和监管点由线下向线上发展，基本实现"五个一网"，即基础信息一网采集录入、公共资源一网整合共享、社会事件一网分流督办、关联数据一网查询比对、监管服务一网延伸落实。

4.1 政府层面

促进监管效能提升。基层治理体系"四个平台"建设是数字化转型背景下基层治理体系的重要架构，也是浙江省推进"最多跑一次"改革在基层落地的重要载体。绍兴市委、市政府明确以属地为主的原则，要求各区（县市）对所辖驻镇相关站所的管理和考核体制进行调整，把原先镇和部门条块分割的力量整合集成，有效地破解了乡镇单薄的管理职权与繁重的工作任务之间的矛盾。绍兴市依托"四个平台"建设，把改革措施整合在一起，进行集成创新，实行综合改革，产生了整体效益，基层食品安全治理体系日趋完善，食品安全治理改革举措落地生根，取得了实实在在的成绩。可以说，"四个平台"成为基层食品安全治理体系的主框架、改革措施的"整流器"、改革成果的"展示台"、改革效应的"催化剂"。以此为载体和平台，绍兴市基本形成食品安全社会共治、部门重治、基层防治的良好局面，构建了富有特色的基层食品安全治理新模式。

4.2 社区（乡村）层面

推进监管职能下沉。随着"四个平台"建设的推进，绍兴市对基层站所力量、基层网格的整合集成工作也同时跟进。过去，由于人员缺乏，部门责任又相互分割，在处置事件时，难免力不从心。而现在，不仅人员下沉，而且乡镇（街道）能够有效指挥、调动派驻人员，极大地提升了基层监管和服务的力量。同时，绍兴市在全市行政村（社区）部署"云＋端"和"四屏合一"的便民服务模式，既提升了应急管理、智慧管理、交互管理的水平，也较好解决了便民服务"最后一公里"难题。"四个平台"和网格化监管体系建设深入实施以来，随着政府职能下沉、责任落实到镇村，最基层显现出良好的局面：党建在网格中扎根、监管在网格中夯实、服务在网格中深化、群众在网格中参与、问题在网格中解决、民生在网格中落实。

4.3 政府与社区（乡村）关系层面

协同抓好基层治理。"四个平台"运行以来，由于信息收集渠道的增加，信息量明显增多，既有网格员上报的信息，也有群众反映的信息，还有监控采集的信息。随着信息流的畅通，绍兴市各个乡镇（街道）的指挥、处置变得更加便捷、更加主动、更加精准。信息接收更快、更直观，老百姓投诉、举报、反映问题的方式真正进入"指尖时代"，只要动动手指，通过手机 APP、微信公众号等途径就能把情况直接反映到指挥中心平台。信息的快速传递，也保证了政府部门受理、办结的快速，从根本上提高了监管效率。同时，群众也能在第一时间收到信息，了解事件进展，有助于提高监管透明度、提升群众满意度。绍兴市以"平台"为核心的市县联动、县乡联动、部门联动、政社联动、全市一体的共治共建模式，为我国地方食品安全治理和基层治理体系建设提供了有益的实践。

5. 经验及启示

基层食品安全治理水平必然受到治理理念和技术资源的制约，并随着治理理念发展、治理系统升级和治理技术突破而不断创新发展。经过实效检验，绍兴市以"四个平台"和网格化监管体系建设为抓手，深入推进基层食品安全治理现代化的具体做法，对构建"横向到边，纵向到底"的全方位监管体系、实施精准施策监管具有重要的启示意义。

——切实明确治理主体。绍兴市为落实"党委领导、政府负责、公众参与、社会协同、法治保障"要求，以党建引领基层治理创新，从划分基层社会治理的基本单元即网格着手，通过强化基层服务、实现基层治理重点转移，实现基层食品安全治理全面创新。网格划分和精细管理，有利于党委、政府的管理服务职能覆盖到社区，延伸到最基层、最小化的网格，有利于网格员实地采集信息、面对面服务、包干负责，从而形成覆盖城乡、条块结合的市、县（区）、乡镇（街道）、村（社区）、网格五级体系，切实形成监管工作合力，提高基层综合治理水平。网格员队伍做到走村入户全到位、联系方式全公开、反映渠道全畅通、服务管理全覆盖，确保每一个网格有人管、每一项任务有人落实，从而在组织体系上解决了基层管理与服务的主体缺位和管理真空问题。

——积极打造治理载体。面对推进基层监管和社会管理能力、提升公共服务水平工作的新任务、新挑战，绍兴市努力破解基层难题，夯实基层基础平台载体，在"四个平台"建设推进中积极探索、大胆创新，通过在力量组织、联动运作、管理考核等方面实施集约化、信息化、制度化的操作模式，实现从前端组织到末端管理的整体运作。以强化网格化监管体系建设为重要载体，实施网格化管理、组团式服务，明确职责和流程，全面、及时回应

典型案例③

群众要求，实现基层管理的重心前移和重点转移。通过网格员队伍的职责履行，真正实现寓监管于服务之中的要求，使基层监管重心从"事后处置"向"事前预防"环节前移，基层监管重点实现从社会防控向基层服务转移。

——大力实施集成共治。为了发挥整体效益，必须从整体性治理的高度在基层进行各项改革措施的集成创新。绍兴"四个平台"建设实践就是改革措施在基层的"集成器"，承载了改革在基层落地开花的重任。通过运用现代信息技术并完善层级间、部门间的协调配合机制，"四个平台"建设成为改革效应在基层的"催化剂""放大器"，促进了治理层级和功能的整合，推动了基层政府治理从分散走向集中、从零碎走向整合、从部分走向整体，大大提升了基层食品安全治理的整体水平。与此同时，以乡镇(街道)干部、社区工作者、村民积极分子、民警、教师、医生和志愿者等为网格员队伍的骨干成员，以摸清网格"家底"为基础，建立起基层食品安全治理新体系，实现了政府治理、社会调节和居民自治的良性互动。

——着力推进智慧治理。没有信息化就没有现代化，基层治理要实现现代化就必须插上"互联网+"的翅膀。绍兴市基层食品安全治理体系"四个平台"建设的背后就是"互联网+基层治理"，作为其技术支撑的政务服务网承担了"四个平台"分流交办、督办考核、绩效评估等职能，实现了社会管理、市场监管、行政执法、政务服务等与信息化的深度融合，使"互联网+政务"看得见、可运行、可操作，将智慧治理从理念变为实操。在绍兴实践中，通过综合信息指挥系统，有效调动市场和社会力量参与基层市场监管、公共服务、民生服务的供给，促进了条块结合、专群结合、社群结合的多元治理格局的形成。强大的网络信息平台连通到每一个村（社区）、每一个网格成员，在基层管理服务上实现了一口受理、一网协同，不仅拓展了电子政务的功能，更使传统的"枫桥经验"与现代信息网络技术平台实现了有机结合。

6. 有待探讨或需进一步完善的问题

——更好发挥监管平台作用。现阶段，绍兴市"四个平台"建设中，市场监管平台仍存在监管力量难协调、网格人员不统一、人员能力不到位、信息上报途径不通畅等问题，需进一步完善网格长、专兼职网格员和网格指导员的职能，更好地发挥网格员作用，做到全科信息员、全科服务员、全科宣传员"三员合一"，并加强网格员的实践性训练和专项培训，提升其业务能力。结合食品药品安全等监督检查工作要求，进一步优化网格员巡查目录及信息报送清单，进一步明确工作内容，信息报送做到更有针对性、实效性。进一步加大对市场监管平台工作的考核力度，将考核结果列入岗位目标责任制考核内容，促进基层监管工作抓细抓实。

——更好实现监管力量下沉。当前，基层食品安全治理领域还存在着一些问题，比如基层人员能力素质与"四个平台"建设的要求还有较大差距；网格化监管体系的职能划分、流程流转、运行机制、监督机制等仍需进一步完善；部分数据仍未能与各级部门进行及时有效的共享；群众宣传不到位等。针对这些现实问题，绍兴市应加快完善事权清单、管理机制、业务流程、数据流程的统一规范，围绕市、区（县）、镇（街道）、村（社区）、网格五级责任体系，加强责任承接能力建设，进一步推进职能、权责、监管、服务、管理和人员同步下沉，不断提升网格员一专多能、一岗多责的综合素质能力，夯实"四个平台"和网格化监管体系的"三基"，即基层、基础、基本功。

7. 总结

绍兴市运用矩阵化管理理念，依托网格化管理，大力推进基层治理体系"四个平台"标准化体系建设，强化部门联动，强化系统治理，强化一体指挥调度，形成了市、区（县）统筹协调各个平台任务分工、资源优化配置、多方立体联动的社会综合治理平台，初步破解了县乡断层、条块分割等基层治理存在的典型问题，丰富和发展了"枫桥经验"。

以网格化为基础的"四个平台"建设是运用数字化、信息化手段，以街道、社区、网格为区域范围，以事件为管理内容，以处置单位为责任人，通过全市集成整合的网格化管理信息平台，实现市、区（县）、镇（街道）、村（社区）联动、资源共享的一种基层治理新模式。绍兴市通过基层治理"四个平台"建设，在管理和服务上实现了"四化"功能，一是实现了一图化管理，网格台账清晰可见，可以通过一张图了解人员、组织、事件等信息；二是实现了可视化管控，通过集成视频监控、移动执法、应急广播等资源，便于可视化指挥调度，尤其在联合执法的时候，效果非常明显；三是实现了协同化调度，以GIS地图为核心，实时掌握各个网格员的活动位置，能够做到全员响应、灵活调度；四是实现了信息化考核，全程跟踪各个事件的上报、办理、评价情况，"指挥中心"可以对网格员、村（社区）干部或职能部门进行在线考核。"四化"功能的实现，为构筑基层食品安全"防火墙"、推进基层食品安全治理以及公共服务的规范化、便民化奠定了基础。

 专 家 评 价

食品安全监管是一项复杂的、长期的系统工程，涉及多环节、多部门，涵盖多要素和多主体，需要统筹规划、构建平台、协同创新。浙江省绍兴市推进基层食品安全治理现代化的做法，以系统为视角，以创新为驱动，以协同为手段，以科技为支撑，以惠民为根本，实现政府主导、社会协同、公众参与和法治保障的有效结合，构建了基层食品安全共治共享的良性监管体系。这种做法，具有先进性、创新性和典型性，主要体现在治理视角、治理主体、治理方式三个方面。

一是治理视角：全域覆盖与全程联动。绍兴市推进食品安全监管体制机制改革，构建事前事中事后监管新体系，强

化市、县、乡镇食品安全专业监管和综合执法，进一步推动食品生产经营各环节的安全监管全链条覆盖、全过程防控，实现食品安全网格化控制，做到无缝对接，构建纵向一体化和横向一体化的基层食品安全社会共治网络。

二是治理主体：内部与外部结合。绍兴市充分发挥食品监管部门职能优势，以"四个平台"为有效载体，推进网格化监管体系建设，坚持政府主导、企业担责、行业自律和消费者监督相结合，加强政府与企业之间的合作，强化企业参与食品安全治理的自我规制，调动多方主体参与积极性，实现治理主体多元化，实现食品安全多元化参与。

三是治理方式：制度与科技并重。绍兴市坚持制度建设和科技创新双向发力，通过优化顶层设计，加快建立科学完善的食品安全治理体系，实现食品安全多部门联动，监管重心下移、力量配置下移，实现食品安全协同化监管，构建食品监管制度体系和监管团队，合力推进食品安全共治共享；运用"互联网＋"理念，推动信息技术在食品安全监管领域应用，实现食品安全信息化支撑，建设食品监管信息应用平台系统，加快从人海战术向智慧监管转型，提高食品安全监管的精准化，增强食品安全监管的专业性，切实提高了食品安全监管水平和能力。总之，绍兴市的做法是近年来涌现出的推进食品安全监管科学化的有益探索和创新样本，值得各地在实际监管工作中学习和借鉴。

『点评专家

时和兴

中央党校（国家行政学院）

政治与法律教研部主任、教授**』**

典型案例 ④

食品安全共治的多元参与

——绍兴市食品领域刑事案件"五位一体"警示教育制度的创新实践

1．概述 📝

"社会共治"是针对有效解决食品安全问题而提出的新理念。食品产业链条长、环节多，涉及食品卫生、食品质量、食品营养等相关内容和食品（食用农产品）种植、养殖、加工、包装、储藏、运输、销售、消费等各个环节，每个环节都会涉及食品安全。而社会共治概念又与西方国家倡导的公共治理理论密切相关，公共治理理论倡导政府、市场和社会三者之间的良性互动关系，有利于提高公共事务治理的效率。无论在实践还是在理论层面，食品安全工作作为一项系统和复杂的工程，都需要各方面共同参与、共同治理。

绍兴市市场监督管理局在强化监管的基础上，以"百日攻坚"

行动为契机，坚持以打促建、标本兼治，加快完善长效监管机制，制定出台了《绍兴市食品领域刑事案件警示教育制度》，探索建立了"以庭审为核心，变法庭为课堂，一审一警示、一审一报道、一审一学习、一审一教育、一审一监督，以审施教，以案促防"的"五位一体"警示教育机制，扩大了警示效果，增强了震撼作用，一方面实现了办案成果向预防成果的转化，另一方面建立了法治化的社会共治参与机制。

2．案例背景

《食品安全法》于 2015 年 4 月 24 日进行了修订，自 2015 年 10 月 1 日起施行。该法第三条明确规定："食品安全工作实行预防为主、风险管理、全程控制、社会共治，建立科学、严格的监督管理制度。"该法为食品安全的社会共治提供了法律依据。

2.1 我国食品安全社会共治的发展现状

党的十八大以来，党中央将食品安全上升到国家战略高度。五年多来，我国食品安全风险治理取得了明显成效。2013 年至 2017 年，国内食品安全总体抽检合格率均保持在96%以上。目前，我国食品安全已初步形成政府、企业、媒体、公众等多方协调共治的监管体系。

政府有关部门认真落实《食品安全法》关于全过程监管的规定，坚持食品生产经营过程的事前、事中和事后监管。事前监管以预防为主。事中监管，主要包括增加对生产过程控制的要求，对食品设置分级管理，设置食品生产者自查制度，对食品标签、说明书和广告等加强监管，对食品生产小作坊加强管理。修订后的《食品安全法》在食品安全监管问题上，综合运用了民事、行政、刑事各方面手段。其中，增设了责任约谈制，加大了行政处罚力度和地方主管官员的追责制度等。

随着食品产业的飞速发展，食品企业对食品安全问题也愈发重视，主动将食品安全标准贯穿到整个产业流程，通过技术和规程系统性地减少食品安全事件发生的比例。此外，食品企业还通过调研、座谈等形式积极与监管者、上下游企业和社会公众等进行食品安全方面的沟通和互动。

新闻媒体和社会公众往往通过舆论监督的形式参与食品安全监督，与法律监督、行政监管等形成合力，共同促进食品产业朝着良性方向发展，保卫人民群众"舌尖上的安全"。

未来，在强化食品安全底线的同时，相关主管部门将进一步加强食品质量标准体系建设，倒逼食品行业进一步转型升级和供给创新，以适应当前社会对于食品质量和营养健康的更高层次的需求。在此过程中，科学界将逐步强化其参与食品安全共治的角色。

2.2 互联网时代食品安全治理的社会化特征

在经济发展进入新常态以及"人人皆是自媒体"的互联网时代，食品安全监管面临着更多更复杂的问题，一些新业态的新隐患虽没有传统食品安全问题那么普遍，但属于"关键的少数"，亟须引起重视。

首先，互联网的迅速发展，使得第三方餐饮服务平台、O2O食品零售等新业态以及新商业模式层出不穷，与之相伴的是一些新的食品安全隐患和违法违规行为，这些行为判定的具体法律依据还需进一步完善，亟待解决"无法可依"或者"有法却不知如何依"等窘境。

其次，"互联网 + 食品安全"模式对政府的监管思路和理念提出挑战，如何用好网络这把双刃剑考验着各个政府部门。

最后，互联网企业在食品安全监管方面承担的相关责任也需进一步明确，尤其需要加快建立互联网食品安全监管的法律体系，从法律层面界定企业主体行为，加强监管方面的法律法规建设。

2.3 食品安全社会共治的国际经验

从国外看，发达国家百年食品产业发展史，也是食品安全监管体系日益严密健全的过程。比如，欧盟和美国经过多年的持续完善，已建立起立体式、全方位、多方参与的食品安全监管网络。

2.3.1 欧盟

欧盟食品法规的主要框架包括"一个路线图，七部法规"。"一个路线图"指食品安全白皮书；"七部法规"指在食品安全白皮书公布后制定的有关欧盟食品基本法、食品卫生法以及食品卫生的官方控制等一系列相关法规。

在上述法律规范体系中，欧盟对食品安全共治的目标、原则、主体责任等做了明确而细致的分工。欧盟食品安全法律体系从内容上看是由原则性规则和具体性规制构成，从形式上看是由专项立法和普遍性立法构成，形成了内容与形式相互契合的法治体系。欧盟在不断完善食品安全共治法律法规的过程中，为食品安全规制创造了良好的条件，确保了"从农田到餐桌"的食品安全。

整体上，欧盟食品安全共治的法律体系分为两大类。第一类是食品安全共治的原则性规定，是对于共治模式的法律总体性概括，比如《食品安全基本法》第五条确立了食品安全共治的目标，以及通过共治需要达到的具体效果；第六条概括了食品安全社会共治的风险分析的基本规则；第七条确立了食品安全社会共治的预警原则；第八条明确了食品安全社会共治中的消费者利益保护原则。第二类是食品安全社会共治的具体法律规范，明确了各个主体的法律权利、责任和义务。

欧盟正是从内容和形式两个方面对食品安全社会共治做出了法律上的细致性规定，才使得欧盟食品安全从生产到销售，最后到消费者餐桌的全过程安全，每个产业链、每个环节均得到了全面治理。

2.3.2 美国

美国有着健全的食品安全共治法律体系。早在1906年，美国国会就颁布了《纯净食品与药品法》，确立了食品安全治理的基本规则及权利义务。此后，美国食品安全法律体系不断完善，逐渐实现了食品安全共治体系的法治化。2011年，美国颁布了《食品安全现代化法》，以该法为核心的 7 部重要法律规范构成了美国食品安全共治的法律体系。这些法律对食品安全共治体系的原则、内容、程序、职权等问题做了明确的规定，从而保证了政府部门、消费者、行业组织、生产者和经营者各自的权利和义务。从美国食品安全共治体系来看，完善的法律法规为其提供了良好的基础，其共治体系呈现出三个特点。

第一，美国的食品安全共治体系是从生产源头到餐桌消费的治理体系，对其中的各个环节都做出了细致的规范，不同的环节有不同的法律法规。第二，美国食品安全共治体系相关的法律法规和法律标准更新及时，能够不断满足社会变化及食品安全治理的需求。例如，《食品安全现代化法》就是为了解决食源性疾病威胁而制定的。第三，美国食品安全共治体系各个主体在行使权力或权利的过程中始终是公正、公开与透明的。政府负责法律法规的制定，法律法规的制定过程是透明的。企业、行业和社会公众积极参与，参与的程序和方式也是公开透明的。

2.3.3 国外食品安全社会共治体系的经验借鉴

食品安全治理是一个复杂的社会性问题，包含多个主体的参与，每个主体在各自权限范围内发挥各自的职责。通过国际比较研究，可以得出食品安全共治中一些共性的角色定位问题。

政府部门是食品安全治理的主体方，担负着制定规则，并按照各自的行政职能对食品安全问题加以监管的职责，是食品安全治理的主导者。

企业作为食品的生产经营主体需要担负首要责任，企业在食品安全治理中进行自我规制，依照法律和食品标准进行生产经营是其基本义务，一旦出现了食品安全问题，企业需要在第一时间召回食品并承担相应的责任。

　　行业组织同样也很重要，通过整合行业资源，从食品安全的角度来制定自律性规则，按照自律性规则来推进其对食品安全治理的作用。

　　最后一环，消费者是食品的最终受益和受用主体，对于食品是否安全及食品的最终质量有重要的发言权，因此在社会共治体系中，必须赋予消费者在食品安全治理中足够的权限，使其能够参与食品安全共治。

　　这些不同的主体和组织在食品安全社会共治的法治化体系中，各自行使自己的职权，共同发挥食品安全治理的合力。借鉴国际经验，我国应在以下三个方面建立健全食品安全社会共治的法律规范体系。

　　第一，充分发挥政府部门作为社会共治的主导作用。目前我国食品安全监管体制仍然需要解决不同类型、不同层次监管机构之间的分工和协调问题。因此，国家应尽快完善顶层设计，合理划分各级食品安全监管机构的事权关系，强化各级食品安全机构的综合协调作用。市、县要加快完成食品安全监管机构的改革任务，抓紧职能调整、人员划转、技术资源整合，充实专业技术力量，尽快实现高效运转。乡镇（街道）或区域要健全食品安全监管派出机构，研究建立有关管理制度，着力解决基层监管能力薄弱问题，打通"最后一公里"。在横向协调上，我国可以借鉴美国、欧盟等国家和地区的相关经验，明确市场监管部门为主导，明确卫生部门、农业部门的具体职权，鼓励市场监管部门与卫生、农业等部门签订相关的食品安全治理合作协议，促进不同部门之间的信息交流、沟通，强化不同部门之间的监管合作。

第二，发挥社会共治法律体系的规制效应。目前，我国食品安全领域的标准缺失、法律法规不完善等问题依然存在。监管人员在保障"从农田到餐桌"的食品安全，或者消费者在维护自己的权益时，有时候面临"无法可依"或者"有法却不知如何依"等窘境。我国应按照《食品安全法》构建的理念和框架，细化法律对监管权利、责任、义务的规定，鼓励消费者、当事人通过诉讼的方式来制止食品违法违规行为。一是要完善执行当前涉及食品安全标准、添加剂标准、动植物健康标准、食品召回标准、食品突发事件应对处理等单行法规，建立健全网络监管制度、食品安全责任保险、食品安全风险分担的新的单行法规。二是制定食品科学技术促进方面的法律法规，特别是涉及风险评估、检测技术、残留物控制技术、加工过程中的控制技术的法律细化，并推进这些法律的司法适用。三是完善消费者诉讼制度，改进惩罚性赔偿制度、扩大食品安全主体责任，建立集团诉讼制度，提升司法解决食品安全纠纷的效率，为消费者提起诉讼创造良好的制度环境。

第三，引导社会共治多元参与主体合作。食品安全社会共治是一个多元主体参与的协同体系，应树立多元主体合作的理念，推进非政府行为主体参与合作治理的力度。一是推进食品安全治理相关社会组织和专业机构的参与机制，如消费者协会、食品行业协会、第三方专业机构等，政府为这些团体参与食品安全共治提供必要的制度和资金支持。二是推进食品企业的自我规制，建立食品企业责任追究制度、信用制度、社会责任机制，提高企业规范经营和自律水平。三是完善消费者参与食品安全治理的机制，政府部门通过信息公开制度，使消费者及时了解食品相关信息，并及时收集消费者反馈信息，保证信息畅通、互动沟通。

3. 案例介绍

3.1 食品领域刑事案件"五位一体"警示教育制度的运行模式及重要意义

2017年6月，绍兴市食安办、市中级人民法院、市检察院、市公安局等四部门为贯彻落实《绍兴市人民政府办公室关于加强食品安全社会共治的实施意见》（绍政办发〔2016〕105号）文件精神，制定并印发了《绍兴市食品领域刑事案件审判"五位一体"警示教育制度（试行）》（绍食安委办〔2017〕14号）。根据该制度，法院在审理食品领域犯罪案件前，应通报当地食安办，再由食品安全监管部门组织同行业食品从业人员参加庭审旁听。这一举措不仅有效打击了食品领域的犯罪，而且在司法实践中取得了良好的教育和警示作用，与单纯以罚代刑、行政处罚和民事赔偿等效果相比，追究刑事责任即限制人身自由等，其震慑作用更强。

食安办、人民法院、人民检察院、公安机关、行政执法机关，在食品领域犯罪案件审判的警示教育组织实施过程中，各司其职，加强联系，相互支持，确保警示教育取得实效。绍兴市食品领域刑事案件审判"五位一体"警示教育制度的组织实施，具体由四项基本制度作为支撑。

一是建立刑事案件审判信息通报制度。市、县（市、区）两级人民法院对审判的食品领域犯罪案件进行登记，在开庭前3个工作日将案件名称、开庭时间和地点等情况通报给市、县（市、区）食安办。食安办及时将信息通报本级媒体、公安部门和相应食品安全监管部门。

二是建立刑事案件审判警示教育制度。市、县（市、区）人民法院建立庭审旁听预约制度。在已有条件范围内，优先安排申请与旁听者数量相适应的法庭开庭，有条件的审判法庭可以设立专门的警示教育旁听区，实现人民法院在行使审判职能的同时，开展食品安全普法警示教育。

建立和完善食品领域刑事案件审判行业从业者旁听警示制度。各级食品安全监管部门根据食品刑事案件审判内容，组织辖区相关行业协会及同行业食品从业人员参加法庭现场审判。利用庭审公开、文书说理、案例发布的普法功能，督促行业从业人员深刻认识食品安全犯罪行为的严重性，从而提高依法生产、诚信经营的意识。

建立和完善食品领域刑事案件审判媒体记者旁听报道制度。邀请辖区主流媒体对食品领域犯罪案件进行全程报道，发挥舆论宣传渠道的警示教育功能，曝光通报食品领域犯罪行为典型案例，增强舆论震慑警示教育效果。

建立和完善食品领域刑事案件审判监管人员旁听学习制度。相关食品安全监管部门组织系统执法人员参加食品领域犯罪案件庭审旁听，学习借鉴犯罪事实认定、案件争议焦点、举证、质证和认证程序，以及证据合法性要件和法庭认定案件事实规则等，从而提升食品安全监管部门办理食品案件的能力水平。

建立和完善食品领域刑事案件审判社会公众旁听教育制度。人民法院建立食品领域刑事案件审判旁听预约制度，利用网络等载体向社会进行公告，鼓励社会公众进行预约旁听。

建立和完善食品领域刑事案件审判代表委员旁听监督制度。邀请党代表、人大代表、政协委员、行风监督员、社会监督员参加食品领域刑事案件审判旁听，同时邀请旁听的人大代表、政协委员、社会监督员进行座谈，取得他们对打击食品领域犯罪行为工作的理解和支持。

三是建立刑事案件审判集中发布制度。人民法院和食安办建立审判信息定期通报和收集机制，内容包括案由、案号、简要案情、嫌疑人名单、审判结果等。审判信息每年至少集中发布一次，由市食安办、市中级人民法院、市人民检察院和市公安局共同发布。

四是建立刑事案件审判警示教育联络人制度。建立和完善食品领域刑事案件审判警示教育工作联络人制度，成员单位包括食安办、人民法院、人民检察院、公安部门、水利部门、农业部门、林业部门、卫生计生部门、市场监管部门、综合执法部门、质量监督部门、检验检疫部门等。绍兴市建立并实施"五位一体"警示教育制度在食品安全示范城市创建中具有重要意义，既体现了加强风险预警预防的意识，也初步构建了社会化、体系化、专业化、法治化的食品安全社会共治网络。

3.1.1 发挥典型案例的威慑作用

食品安全的违法行为需要承担的相应责任有三个层级，一是涉及民事赔偿的民事责任；二是涉及行政处罚的行政责任；三是涉及刑事犯罪，需承担最严重的刑事责任。

以前涉及食品安全领域的民事案件，犯罪嫌疑人的民事赔偿违法成本很低。实施"五位一体"警示教育后，通过庭审旁听、案件发布等形式，企业及社会各界了解到，一旦触犯了刑法，行为者就会被作为刑事案件侦办并限制其人身自由，司法部门对实施违法犯罪的相关食品企业予以严厉打击。"五位一体"警示教育，对食品安全工作的宣传教育促进作用明显，形成了很强的震慑力。

3.1.2 发挥警示教育的预防作用

绍兴市食品领域刑事案件审判"五位一体"警示教育制度的

实施，很好地起到了预防宣传和警示教育的作用。通过一系列制度建设，绍兴市搭建了统一权威的食品安全警示教育"曝光台"，引导食品生产经营企业自觉树立法治理念，辨识食品犯罪行为，掌握食品法律法规，依法诚信经营。正面典型、宣讲法律政策是镜子，可以让企业知法守法，找到正确的方向。反面典型、以案释法也是镜子，可以让企业知止生畏，做到警钟长鸣。

3.1.3 发挥司法部门的法律权威作用

《绍兴市食品领域刑事案件审判"五位一体"警示制度（试行）》由食安办、公安局、检察院和法院四家单位联发，其中食安办作为牵头单位，公安局、检察院、法院作为联席单位参与工作。在此制度的运行过程中，公安局是第一道关，负责侦查、查办案件；检察院是第二道关，负责刑事案件的审查起诉；法院是第三道关，负责案件的审判工作。

司法权威是现代法治社会的必备条件之一。绍兴市通过食品领域刑事案件审判"五位一体"警示教育，向全社会传递"党政权力尽职尽责，维护和强化司法权威，保障民生治理目标，实现依法善治"的核心诉求，营造了"严格执法、公正司法、全民守法"的法治环境。

3.2 各关键利益相关者的参与机制

3.2.1 食品生产经营企业

食品安全管控是食品企业经营管理的重要内容，2016 年绍兴市政府出台《关于加强食品安全社会共治的实施意见》，敦促相关企业在以下三个方面加强整改和建章立制。

第一，食品生产经营企业加强内部管理和自律建设。牢固树立全员食品安全意识，建立健全企业内部各项食品安全规章制度，将食品安全警示教育作为企业长效管理机制。

在组织架构设计上，公司食品安全第一责任人由企业领导人担任，各部门负责人作为本部门食品安全第一责任人，食品安全管理员对不合格产品拥有一票否决权。建立专门的食品安全检查、品控和评估部门，从产品研发到原材料供应、包装供应，确保食品质量安全每个环节都责任到人。增设专业的化验员岗位，加强企业内部产品抽检、化验、检测、自查工作。

在采购环节，企业建立健全供应商管理制度，优先选择知名度高或管理规范的供应商伙伴。涉及生鲜、蔬菜等无法做到集中采购的品类，企业与农户共建种植养殖基地，推行标准化种植、养殖。同时，品控部门每年不定期对供应商进行两次抽检，以保证品质符合企业食品安全标准。

在生产环节，建立健全质量安全管理制度，加强企业进厂原材料采购检验把关，对生产过程进行全过程管控，严格执行出厂检验和记录制度。同时，建立产品溯源制度，做到"一品一码、源头可溯、去向可追、风险可控、公众参与"。

在流通环节，食品流通企业专门设立督导部门，重点对保质期管理、从业人员管理、经营过程控制情况、食品贮存和运输情况等重点环节进行检查。建立企业内部追责制度，哪个班组发现问题或出现过期食品，即由主管部门和当班班组承担责任。

第二，食品生产经营企业主动参与食品安全宣传工作。一方面，通过开放式的参观和体验活动，与消费者交流沟通、建立共识；另一方面，通过主流媒体和自媒体，推出公益性宣传内容，传播食品安全理念和知识。

第三，食品生产经营企业建立健全舆情处理机制。出现食品安全舆情，企业积极与监管部门沟通，落实整改措施，做好信息沟通。同时，主动接受媒体监督，与政府、媒体、行业协会等合作，传播正确的食品安全信息，共同维护社会稳定。

3.2.2 社会公众

绍兴市食品领域刑事案件审判"五位一体"警示制度，为消费者参与食品安全社会共治畅通了渠道、构建了机制。在实际操作中，"五位一体"警示制度在三个层面发挥了积极作用，提升了消费者的参与意识和参与能力。

在消费者教育层面，加大对食品安全及相关科学知识的宣教投入，提升消费者的食品安全风险认知，引导消费者科学、理性地辨识食品安全谣言，全面普及食品安全监管法律法规和科学常识。在消费者权益保护层面，引导社会公众主动维权，参与到维护和监督食品安全的行动中来。构建消费者维权"绿色通道"，优化消费维权保障机制。在诚信文化建设层面，传承和发扬阳明文化，引导企业和广大社会公众主动践行"知行合一"，共同守住食品安全底线。绍兴是王阳明故里，当地百姓和企业对于王阳明"心学"文化的认知度和认同度非常高，地方政府也积极支持阳明文化的弘扬与发展，大力传播阳明文化的思想精髓——"知行合一""致良知"，把文化融入诚信建设。

3.2.3 公安部门

绍兴市公安系统在食品领域刑事案件审判警示教育工作信息通报制度、刑事案件审判集中发布制度两大环节深度参与"五位一体"警示教育。通过信息共享、案例剖析、新闻发布，公安部门增强了食品安全领域刑事案件执法办案能力，并拓宽了案件线索来源。

在参与食品安全共治取得良好成效的基础上，绍兴市公安局提出将"五位一体"警示教育的经验运用到社会安全其他领域，设立食品安全体验馆、安全管理体验馆和治安防范体验馆，让警示教育在庭审之后更加实体化、生动化。

3.2.4 法院

法院是"五位一体"警示教育制度实施的核心参与方。围绕公开庭审，绍兴市中级人民法院针对行业从业者旁听警示、媒体记者旁听报道、监管人员旁听学习、社会公众旁听教育、代表委员旁听监督等内容，完善了与之配套的规章制度，确保各项旁听制度的执行程序规范、严谨细致。

食品领域刑事案件审判集中发布制度，法院和食安办定期通报、收集案件审判信息，并由市食安办、市中级人民法院、市人民检察院和市公安局按照每年至少一次的周期，共同发布审判信息和典型案例。通过权威发布，畅通了司法与民意沟通的渠道，提升了司法公信力和透明度。同时，让社会公众亲身感受司法、理解司法、尊重司法，让行业从业者敬畏法律、严守底线、守法经营。

3.2.5 媒体

2015年，《最高人民法院关于全面深化人民法院改革的意见》出台，要求建立庭审公告和旁听席位信息的公示与预约制度，并指出，有条件的审判法庭应当设立媒体旁听席，优先满足新闻媒体的旁听需要。绍兴市食品领域刑事案件"五位一体"警示教育制度即是对最高法意见的深化落实，其中，媒体记者旁听报道制度的实施，使媒体发挥了积极的舆论监督功能和正向舆论引导功能。

自2017年以来，绍兴市市场监督管理局坚持每季度召开一次新闻发布会，依法公开有关部门打击食品犯罪行为的情况，确保主流媒体在第一时间发布最权威的信息。既起到了澄清谬误、以正视听的作用，也达到了很好的法治宣传和警示教育效果。

3.3 创新性

3.3.1 食品安全警示教育的机制创新

修订后的《食品安全法》在总则中明确了食品安全工作实施社会共治这样一项基本原则。绍兴食品领域刑事案件"五位一体"警示教育制度，将社会共治的理念应用于实践，探索出一套行之有效的运行机制。

一是以"五位一体"为核心，明确警示教育功能定位。绍兴市提出，食品领域刑事案件审判警示教育工作坚持以庭审为核心，变法庭为课堂，一审一警示、一审一报道、一审一学习、一审一教育、一审一监督，以审施教，以案促防。"五位一体"明确了法治化框架下食品安全社会共治的共同目标，界定了不同主体在共同参与过程中各自不同的层次、要素、形式和功能。

二是以五项旁听制度为基础，构建社会共治参与机制。绍兴市建立和完善了食品领域刑事案件审判行业从业者旁听警示制度、媒体记者旁听报道制度、监管人员旁听学习制度、社会公众旁听教育制度、代表委员旁听监督制度，这五项制度成为"五位一体"的实现机制，为多元主体共同参与提供了法治化的参与机制，也设计了一系列多元的互动过程与规则。

三是以四项管理制度为框架，建立警示教育长效机制。刑事案件审判信息通报制度、刑事案件审判警示教育制度、刑事案件审判集中发布制度、刑事案件审判警示教育联络人制度等四项基本制度，在强化整体推动、强化内部协调、强化载体建设、强化社会监督、强化司法权威等方面发挥了重要作用，从制度层面为警示教育构建了长效机制。

3.3.2 法治食安的载体创新

一是以特色载体破解法治宣传困局。"五位一体"制度的建立，在很大程度上减少了刑事司法与警示教育之间的信息不对称，赋予了政府部门、食品企业、社会公众、大众媒体等方面接受食品安全法治教育的平等权利和义务，使食品安全普法工作从之前的被动参与、单向传递，转变为多视角、多渠道、全流程、全公开的主动参与和互动沟通方式，增强了警示教育的效力。

二是以长效机制保障法治宣传的生命力。绍兴市以制度形式固化了食品领域刑事案件审判警示教育工作的核心与外延，通过建立四项基本制度和五项旁听专项制度，保障警示教育工作规范有序地开展，也保障了警示教育的系统性、长效性和深入性。

三是以警示教育推进法治食安建设。传统意义上的社会共治，虽然强调各方的参与，但更多的是局限在自己的社会角色中，比如法治交给政府，宣传交给媒体，缺乏统合、联动。而绍兴食品领域刑事案件"五位一体"警示教育制度的构建和施行，使角色关联、责任分担的各个参与方基于一系列法律法规、制度规范和执行机制，以警示教育为载体，在参与共治的程序或过程中承担不同的角色，形成相互配合、不可分割的联动模式，持续推进法治食安建设。

4. 成效评价

4.1 政府层面

政府是公共利益的代表者，是公共管理资源的拥有者。政府在食品安全社会共治中处于主导地位，在食品安全中起主导作用，其主导作用主要体现在制定规范标准、行政审批、日常监管以及引导其他主体参与社会共治等方面。

绍兴市食品领域刑事案件"五位一体"警示教育制度的建设与实施，体现了地方政府及监管部门在以警示教育为载体、深入推进食品安全社会共治过程中的积极作为和显著成效。一是借助行业从业人员旁听警示制度，强化法律威慑作用，提升企业依法经营意识；二是通过案件集中发布制度，及时公开案件审理信息，积极回应社会关切；三是通过社会公众旁听教育制度，让社会公众亲身感受司法、理解司法、尊重司法；四是通过建立新闻发布制度，定期向社会公布案件审理，推进司法公开，自觉接受人民群众和新闻舆论的监督；五是通过媒体记者旁听报道制度，积极配合新闻媒体开展新闻宣传报道工作，与媒体合作加强舆论引导和舆情应对。

4.2 企业层面

"五位一体"警示教育制度，让食品行业从业者"零距离"接受警示教育。首先，促使食品企业切实从案件中汲取教训，知敬畏、存戒惧、守底线。其次，通过剖析典型案例，推进以案促改、以案促防，有助于企业从中警醒、引以为戒，发现制度漏洞，提高企业食品安全管理水平。实践表明，"五位一体"警示教育有效地引导了企业树立合规意识，严格把控职业道德和法律底线，以案为鉴，大大提升了相关企业的风险防范意识。

4.3 媒体层面

在"五位一体"警示教育制度的运行体系中，新闻媒体的参与，对于正向引导舆论、应对食品安全舆情、加强舆论监督，有着很强的现实意义。媒体记者旁听报道制度的实施，是在法律框架和法治精神之下，以公开透明的形式，很好地发挥了媒体舆论场作用。同时，对提高社会透明度和政府公信力也都切实发挥了建设性作用。

4.4 社会层面

绍兴食品领域刑事案件"五位一体"警示教育制度的实践，通过以案释法，阐释和普及了法律知识，提高了公众的法治意识，向全社会弘扬了法治精神。特别是社会公众旁听教育制度，将社会关注度高、有一定影响力的食品领域刑事案件，通过看得见、听得懂、信得过的庭审程序和方式，让公众接受法治教育，既体现了司法公正，又及时回应了社会关切，有利于增进人民群众对食品安全"四个最严"的直观理解。

5. 经验及启示 📝

绍兴市食品领域刑事案件"五位一体"警示教育制度，进一步扩大了食品领域犯罪案件审判的警示教育影响，探索了多方参与食品安全社会共治的渠道和机制。本案例在以下两个方面为加强食品安全监管、推进食品安全共治提供了可资借鉴的经验。

一是庭审旁听使警示教育更具威慑力。长期以来，我国在公众关注的食品安全领域存在"以罚代管""以罚代刑"的现象，食品企业违法成本低，危害了市场经济秩序和社会管理秩序，也削弱了法律威严。修订后的《食品安全法》颁行以来，行政执法与刑事司法"两法衔接"取得了很大进展，食品安全案件"行刑衔接"力度加大，各级政府以"零容忍"的举措，严厉打击违法违规行为，不断筑牢食品安全防线。绍兴市通过"五位一体"警示教育制度，向全社会展示了食品安全"四个最严"的落实情况，增强打击食品违法犯罪工作的合力，保持严惩食品安全违法犯罪行为的高压态势。

二是"五位一体"警示教育制度为社会共治提供了制度化保障。绍兴市食品领域刑事案件"五位一体"警示教育制度，是根据我国现阶段食品安全监管和食品安全多元共治的具体条件而提出的一种强化法律威慑、树立法治意识、提高多元参与度的措施。绍兴市通过一系列制度安排，有计划地拓宽政府多部门、企业、媒体、社会公众、意见领袖参与食品安全共治的途径与方式，规范各方参与的制度性渠道与程序，把以警示教育为载体的食品安全社会共治实践纳入法治化框架，符合用法治推动形成共建共治共享食品安全治理格局的发展方向。

6. 有待探讨或需进一步完善的问题

6.1 加强警示教育典型案例的分析和应用

在利用典型案例开展警示教育的同时，绍兴市市场监督管理局应进一步加强典型案例的收集、整理、研究和发布工作，逐步建立以案释法资源库，并通过官网、权威主流媒体、新媒体等渠道向社会公众发布以案释法典型案例。加强落实以案释法工作制度，有针对性地开展"以案释法"法律知识培训，推进"以案释法"

进企业、进社区、进学校、进乡村、进机关。另外，典型案例库的建设和研究，也将为食品安全地方立法、政策出台等工作提供重要参考。

6.2 进一步细化优化旁听制度

针对社会公众旁听教育制度，应从制度层面明确旁听人员的遴选标准，尽量选择不同年龄层次、热心公共事务、从事一线工作的群众参与旁听，并增加社会报名预约的比例，减少单位推荐的比例，从而更充分地体现旁听的价值。针对行业从业者、媒体记者、监管人员、代表委员等旁听群体，完善沟通与反馈机制，加强庭审旁听前辅导，使旁听人员了解"如何听"，使其对旁听制度、相关注意事项和纪律要求、案件基本情况等具备基本的认知，使旁听者从"被动听"到"主动听"，这对加强民意沟通、提高各方沟通反馈质量将大有裨益。

7. 总结

多元共治（社会共治）不仅是食品安全领域的新趋势，也是整个社会治理模式变革的新方向。绍兴市积极贯彻落实党的十九大精神和习近平总书记关于食品安全"四个最严"的要求，依据《食品安全法》，以社会关注度较高的食品安全领域刑事案件为抓手，建立了"五位一体"警示教育制度体系，搭建了以法治为原点的食品安全社会共治平台。

　　"五位一体"警示教育制度，在组织结构方面，恰当地处理了政府、企业、媒体、社会公众等多元角色之间的关系，通过明确各自的角色定位和资源配置，形成了较为协调的治理关系。在运行体系方面，通过建立刑事案件审判信息通报制度、刑事案件审判警示教育制度、刑事案件审判集中发布制度、刑事案件审判警示教育联络人制度，为"五位一体"警示教育的实施奠定了规范的管理基础；通过建立和完善食品领域刑事案件审判行业从业者旁听警示制度、媒体记者旁听报道制度、监管人员旁听学习制度、社会公众旁听教育制度、代表委员旁听监督制度，形成了一套可操作的法治化的食品安全治理机制，其中多方参与机制、新闻发布机制、舆论倒逼机制、企业自律机制发挥了积极有效的作用。

专　家　评　价

　　在我国全面建成小康社会的决胜阶段，建立严密高效、社会共治的食品安全治理体系是大势所趋。绍兴市委市政府、食安办为贯彻落实党的十九大精神和习近平总书记关于食品安全"最严谨的标准、最严格的监管、最严厉的处罚、最严肃的问责"的要求，贯彻落实修订后的《食品安全法》，实行了食品领域刑事案件"五位一体"警示教育制度，这是绍兴市在落实中央部署要求与结合地方特色基础上开创出的食品安全治理新思路。

"以庭审为核心，变法庭为课堂，一审一警示、一审一报道、一审一学习、一审一教育、一审一监督，以审施教，以案促防"的"五位一体"警示教育机制，实现了食品安全警示教育与社会共治参与相结合的机制创新，实现了法治社会的载体创新，取得了警示教育效果更佳、法律震慑力更强的良好效果。

此外，"五位一体"警示教育制度的实施，将政府、企业、媒体、公众等各方纳入其中，各方积极参与、相互支持、相互监督，以党政主导决策和推进程序，政府多部门进行资源统合，引导企业、行业协会、媒体、社会公众等多元主体参与执行，形成在不同层次上横向互动的食品安全治理工作网络。绍兴这种以法治为核心的共同治理模式的实践形态，符合我国当下治理现代化的价值取向，随着共识的形成和更多方面主体的主动参与，这一共治模式具有良性的自我可持续性。

点评专家

周占华

民主与法制社社长

高级记者

典型案例 ⑤

"智慧农贸 2.0"

——技术创新驱动食品安全诚信体系建设

1. 概述

　　近年来，党中央、国务院就加强食品安全工作采取了一系列重大举措，各地区、各有关部门做出了不懈努力，全国食品安全总体状况持续向好。同时，必须清醒地看到，我国食品安全基础还十分薄弱，影响人民群众食品安全的突出问题时有发生，保障食品安全的任务仍很艰巨。究其原因，既有我国食品产业发展水平总体不高，大量食品企业生产方式比较落后，流通领域发展滞后于国际水平，政府监管存在薄弱环节等因素，也有一些生产经营者道德失范、诚信缺失，生产加工或销售伪劣食品，给食品安全造成很大危害。因此，大力推进食品安全诚信体系建设，加强食品行业职业道德建设，增强全社会的食品安全诚信意识，是解决食品安全问题、提高食品安全保障水平的关键，是食品安全的治本之策。

在"从农田到餐桌"的整个食品链上，农贸市场这个环节是食品安全诚信体系建设的重点和难点。农贸市场关系着千家万户的"菜篮子"，是农产品市场准入的主要关口，是食品安全监管的重要阵地。绍兴市以实施"放心农贸市场提升工程"为契机，运用大数据、物联网、金融科技等现代信息技术，积极探索"信用＋溯源＋支付"的智慧农贸新模式，为政府管理部门提供信用监管的决策依据，为消费者提供信用查询、食品溯源、移动支付等便民服务。

2. 案例背景

2.1 我国农贸市场的发展现状

我国农贸市场经历了 20 世纪 90 年代的快速发展，此后即进入市场布局调整、经营品种结构调整和市场基础设施改造升级、市场监管向规范化和现代化迈进的新阶段。

——布局结构调整初见成效。近年来，为适应农业结构战略性调整和建设现代农业，伴随着城市建设扩容和消费群体集聚，我国农贸市场在发展中调整、以调整促发展，目前已基本形成了由产地市场、销地市场、集散地市场相互衔接配置，专业市场与综合市场优势互补的全国集贸市场网络，形成了全国农产品大市场、大流通的基本格局。

——基础设施条件明显改善。一大批农贸市场在国家专项资金的引导扶持下，对市场内交易棚厅、场地道路、水电网等基础设施进行了改造升级，市场交易条件明显改善。

——市场服务功能逐步配套。许多农贸市场建立了市场信息收集发布平台、农产品质量安全检测系统。部分市场发展了产品冷藏加工、分级包装等业务，一些市场还建立了垃圾、污水处理系统。

——产权制度改革取得实质性进展。2000 年以前，全国农贸市场中国有和集体所有的市场约占 2/3 以上。2001 年以来，随着以实行股份制为核心的国有企业产权制度改革的逐步推进，国有经济逐步退出一些竞争性的非国家经济命脉的领域，农贸市场的产权改革逐步推开。截至目前，原来国有制农贸市场的大多数已实行了产权主体多元化的股份制，其中以市场管理层和员工参与持股的居多。

——市场管理向信息化、现代化迈进。大部分农贸市场建立了面向社会公众的市场信息收集发布平台，一批经济实力较强的农贸市场充分利用现代信息技术，实现了客户管理、摊位管理、人事管理、财务管理、治安管理的信息化。

2.2 农贸市场存在的监管问题

关于农贸市场监管存在的问题，主要有四个方面：

一是职责尚未明晰，农贸市场举办者与场内经营者的职责不明确。一些市场举办者未能切实履行审查入场经营者的资格等食品安全管理责任并未落实相关的管理制度，也未履行定期检查、报告等义务。场内经营者未执行进货查验记录等制度，导致主体责任无法真正落实到位。

二是监管技术落后，难以实现有效监管。蔬菜、禽畜、水产品等品种农兽药残留和违规使用食品添加剂等现象较多，食品安全隐患较大。目前最主要的保障性手段是食品安全定性快速检测，但由于设备和技术条件限制，检测的品种和项目很少，而且检测的准确度也存在问题。另外，快速检测结论也不能作为进一步执法的依据，技术落后客观上造成了食品安全监管工作的困难。

三是部门衔接不畅，难以落实追溯制度。《食用农产品市场销售质量安全监督管理办法》规定，"销售者需提供食用农产品产地证明或者购货凭证、合格证明文件"，出具上述证明文件涉及多个部门，如当地政府、农业部门等。目前，对于场内经营者而言，缺乏可操作性。首先，《食用农产品市场销售质量安全监督管理办法》规定，"其他食用农产品生产者或者个人生产的食用农产品，由村民委员会、乡镇政府等出具产地证明"，农民每天卖菜都要到村民委员会、乡镇政府出具产地证明，既增加农民负担，又存在沟通协调难度大的问题，缺乏可操作性。其次，《食用农产品市场销售质量安全监督管理办法》规定，"有关部门出具的食用农产品质量安全合格证明或者销售者自检合格证明等可以作为合格证明文件"，目前蔬菜、水产品类的合格证明在县级尚未统一明确。最后，蔬菜、水产类交易量大而且频繁，买卖过程中普遍没有条件使用规范的票据，使得追溯制度无法得到落实。

四是经营者素质较低，缺乏食品安全意识。大部分入场经营者和农民的文化素养低，食品安全知识缺乏，对违规使用农药、兽药、食品添加剂的违法行为认识不足，沦入非法使用、非法添加的潜规则行列而不自知。同时，部分消费者食品安全知识匮乏，对非法使用、非法添加的危害等认识不清，过于注重产品的外观、口感或价格，让危害食品安全的行为有了滋养的土壤。

2.3 我国农产品流通体系建设的进展情况

一是健全完善农产品流通体系。充分发挥农产品批发市场作为农产品市场流通主渠道的作用，大力加强农产品流通和营销，降低经营成本，提高流通效率，助力解决农产品卖不出去、卖不上好价的问题。创新短链流通模式，推进产地市场和新型经营主体与超市、社区、学校等消费端对接，发展订单农业。创建电子商务孵化平台，推进产地市场与新型农业经营主体、农产品加工企业、电商平台的对接，发展农产品网上交易，扩大网上交易规模，提高流通基础设施利用率，形成线下资源与线上需求高效对接的流通渠道，促进产销高效对接。

二是加强产地农产品流通基础设施建设。完善农产品产地市场体系，推动与农业绿色发展相配套的产地市场建设。重点是升级改造清洗预冷、分等分级、冷藏冷冻、包装仓储、冷链运输、加工配送等商品化处理设施和贮藏设施，健全完善污水处理、垃圾分类回收以及污染物处理等场区基础设施，减少农产品因采后商品化处理和贮藏不当造成的损失，降低相关工艺的能耗和排放，发展环境友好型产地市场体系，改善生产经营环境，提升农产品流通现代化水平。

三是加强产地市场信息服务功能建设。信息是绿色流通的关键要素。突出抓好以村户为重点的益农信息服务，形成以公益性服务为核心的农村综合服务平台。探索发展适用于市场经营的农产品拍卖、中远期期货等一对多、多对多的集中竞价交易方式，鼓励产地市场完善电子结算系统、信息处理和发布系统，逐步推进结算信息公开化。完善农产品市场监测、预警和信息发布机制，完善报价指标体系，权威发布价格指数，通过发挥信息服务功能，使农产品供求信息更准确、产销渠道更稳定。

3. 案例介绍

3.1 "放心农贸市场提升工程"的发展历程及现行做法

2011年开始，浙江省政府就对全省的农贸市场进行改造提升，到2014年，又实施了放心农贸市场创建工作。截至2018年，"放心农贸市场"已经连续五年列入省政府十大民生实事项目，各级财政累计投入了20多亿元的资金，并撬动60多亿元社会资金，投入放心农贸市场的改造。截至2018年9月，全省已新创建和续创建1042家放心农贸市场，占所有农贸市场的比重近50%。

2008年，绍兴市出台《绍兴市区农贸市场改造提升实施方案》，制订了三年规划。2012 年，又出台《绍兴市区农贸市场公益性建设工作方案》，安排 1000 万元财政资金用于农贸市场改造和长效管理奖补。2015 年，绍兴市政府又投入 700 万元，对市区 5 家未改造的农贸市场进行改造，柯桥区、诸暨市等区、县（市）结合自身实际，细化改造提升方案，并安排专项补助资金用于市场硬件设施提升改造、食品安全体系建设和市场长效管理工作。2016 年，按照全省统一部署，绍兴市委、市政府、农业和农村办公室、绍兴市市场监督管理局联合下发《关于推进全市乡村农贸市场改造提升的实施方案》，推动绍兴民生实事工作向乡村延伸，完善农村基础设施配套，提升农民生活品质，促进城乡公共资源均等化。

2008 年以来，绍兴共投入农贸市场改造资金 11.92 亿元，其中财政资金 2.41 亿元，完成改造提升农贸市场 150 家，创建省文明示范农贸市场 59 家，省放心农贸市场 41 家。

2018 年是新一轮全省放心农贸市场创建的第二年，绍兴市紧紧围绕创建标准，严格落实"消费环境放心、食品安全放心、管理服务放心、诚信经营放心、价格计量放心"等具体内容，推动"加强农产品市场快速检测体系建设"列入市政府民生实事，一抓长效机制完善，继续开展并做好农贸市场长效管理考核；二抓规范标准建设，出台《绍兴市农产品市场快速检测室建设规范化标准（试行）》；三抓落实督查通报，认真对照创建计划开展多次专项督查。同时，绍兴市市场监督管理局指导各区县制定《农贸市场规范管理考核办法》，实施监管部门对市场、市场对经营户的两级考核模式，明确农贸市场公益性建设考核奖补标准，其中市政府划拨286万元资金作为市区农贸市场长效管理的考核奖补；同时，大力推进创建省放心农贸市场，截至2018年底，年初确定的29家市场已全部通过现场审核。

绍兴市创建放心农贸市场、实施放心农贸市场改造提升工程，主要从以下三个方面建章立制，确保各项工作落到实处。

第一，明确任务，落实工作责任。对申报"省放心农贸市场"创建的市场进行集中调研，明确了创建市场名单并在省政府任务下达后及时召开工作推进会，部署当年度农贸市场提升发展、长效管理及省放心农贸市场创建的工作表和任务。市政府重点关注农贸市场改造提升发展，并与各区、县（市）签订了责任状，各区、县（市）政府也与乡镇（街道）签订了农贸市场提升发展工作责任状，并列入乡镇和相关部门的岗位目标责任制考核，一级抓一级、层层抓落实。

第二，细化举措，确保工作有效。全市各级农贸市场改造提升工作领导小组办公室通过组织各创建单位召开创建工作座谈会、培训会，围绕市场农产品检测、信息化建设、市场食品安全监管、市场管理等内容，就有关创建标准和具体要求进一步细化分解，并针对存在的问题开展自查自纠、先期整改。通过加强培训，切实提高市场举办者的管理水平，增强经营户的自律意识。

第三，加强监管，探索长效管理。宣传部门专门编印了《市场通讯》月刊，每期发行量为 5000 份，目前已编印 41 期，分别寄送省市两级农贸市场改造提升工作领导小组办公室、市级四套班子、市级相关部门，以及各区、县（市）、乡镇（街道）各市场。同时，通过电视、报纸、网络等多种媒体，广泛宣传农贸市场在改善民生、保障供给、平抑物价、保障食品安全、优化城乡环境等方面的重要作用；组织工作督察，由市农贸市场改造提升工作领导小组办公室牵头，组织领导小组各成员单位，分为 5 个督查组，对各区、县（市）改造提升工作推进情况以及 21 家省放心农贸市场创建情况进行集中督查，将督查情况进行通报，并开展自查自纠，对照标准，严格打分，针对存在问题进行限期整改。

3.1.1 "放心农贸市场提升工程"的运作模式

柯桥区是绍兴市"放心农贸市场改造提升工程"基础较好的试点区，可以通过柯桥区放心农贸市场改造提升工程的运作模式窥见一斑。该区共有星级农贸市场 30 家，其中五星级 1 家，四星级 11 家，三星级 10 家，二星级 3 家，一星级 5 家。柯桥区放心农贸市场提升建设的运作模式可分为三个层面：

一是诚信体系。柯桥区农贸市场均是民营企业，每个市场分别有各自不同的管理模式，只能通过长效考评办法加以管理。从2014 年开始，柯桥区区财政每年预支 400 万元，对已经改造过的24 个市场进行评价打分，考核其规范、管理、服务等是否达标。该评价打分系统的操作方式是：质监院通过暗访的形式对市场的环境、价格质量、管理、检测信息等进行打分，平均每两个月暗访一次，这一打分比重占总分值的50%；30%由基层市场监管所进行季度打分；余下的20%用光闪付APP打分，其中APP打分包括两部分内容，一部分是上传检测信息、台账信息，台账信息有上传率的考核，若柯桥区24个市场每个摊位进货均按要求上传照片，即可得满分10分，另一部分是电子监控，占10分，每个市场里都有电子监控，监管人员通过监控对市场门面、通道、熟食、家禽摊、停车场等进行打分。

二是奖惩机制。依据绍兴市柯桥区农贸市场和农产品集散中心长效考核机制，每年柯桥区财政补贴400万元用于奖励优秀市场。柯桥区24个市场中全年平均得分95分以上、位列前三名的市场最高可获得30万元奖金；如果前三名的市场不到95分，但面积超过5000平方米，也可以获得30万元奖励。市场举办者可以把奖金用于市场硬件的投入，也可以用于奖励管理服务措施到位的摊位或管理团队。

三是农产品质量检测。从2016年开始，柯桥区将农产品质量检测纳入民生工程，主要着力于两个方面：其一提升基层监管部门市场质监能力，包括对部分硬件进行改造、更新，对检测人员进行业务培训并制定相关标准，从去年开始全区所有市场每天统一为20批次。其二引进第三方检测。设定检测频率，由第三方快检公司对全区所有市场的经营户、所有的销售品种进行每月一次的全覆盖检测。对检测超标明显的，移送公安机关备案。如此可获得三个方面的保障：其一从定性转为定量，只要发现定性快检不合格，马上进行抽检。其二对经常发现采购的上游进货市场进行通报。其三通过 APP 实时推送检测信息，让消费者以及社会大众了解柯桥区农贸市场食品质量安全信息情况。从 2015 年开始，按照省政府的要求，城区食品面向消费者提供免费检测，柯桥区所有的市场都提供免费检测。

3.1.2 地方政府打造"放心农贸市场提升工程"的政策措施

一是加强组织领导。绍兴市各级农办和市场监管局高度重视城乡农贸市场改造提升工作，尤其注重把乡村农贸市场创星工作作为美丽乡村示范创建活动的重要内容，纳入考核机制。创建美丽乡村示范乡镇没有建成星级农贸市场的，原则上不认定为美丽乡村示范乡镇；创建美丽乡村精品村有农贸市场但未达二星级以上的，原则上不认定为精品村。各级农办和市场监管局充分发挥各自优势，合力推进"绍兴市乡村农贸市场星级创建五年行动"，确保创建目标完成。

二是加强要素聚合。各区县结合当地实际，采取有力措施，加快推进市场创星行动，积极向地方财政争取资金支持，积极筹措落实财政专项资金支持城乡农贸市场改造提升。绍兴市有关政策规定，美丽乡村建设相关资金可统筹用于乡村农贸市场提升改造，乡村农贸市场星级创建可列入各地财政美丽乡村创建示范县奖补资金和美丽乡村建设专项资金奖补范围予以列支。各区县在推进垃圾减量化、资源化、无害化处理时，有农贸市场的行政村，要求农村垃圾快速成肥处理设施优先配备。新建农贸市场的，要求考虑与乡镇为主体的区域性垃圾资源化处理相配套。

三是加强督查指导。绍兴市要求各区县参照每年星级市场创建工作要求的时间节点，督促市场举办单位制定具体的市场创星计划。各创星市场按照《浙江省星级文明规范市场标准》，逐一对照，针对存在问题，加强对薄弱环节的改造提升，扎实推进市场创星工作。各区县农办和市场监管局积极做好相应指导和督促工作，做好创星市场的考核验收。

3.1.3 "放心农贸市场提升工程"的重要技术支撑

绍兴市以"互联网+"打造智慧农贸市场，努力实现放心消费、智慧监管全覆盖的建设目标。2016年，柯桥区在省市两级的指导下，率全省之先开展"光闪付"食用农产品快速追溯系统试点，并在此基础上进一步拓展功能，开发了"食安柯桥"农产品溯源系统APP，应用于监管领域。"食安柯桥"农产品溯源系统APP实现了以下四大功能：

一是快检信息推送。"食安柯桥"每天及时发布食用农产品快检、抽检结果，包括取样地点、品种产地、摊位编号等信息，方便群众掌握最新权威食品安全动态信息，做出消费选择，也为监管部门提供日常监管或应急处理的依据。

二是质量安全溯源。"食安柯桥"增加了农贸市场电子溯源功能模块，利用二维码技术和电子支付手段留下消费痕迹，便于产品溯源。对1200户市场经营户使用的计量器具进行统一规范，解决了市场使用计量设备合格率低的问题，以计量放心为切入点，强化诚信经营，营造更加良好的放心消费环境。

三是移动监管执法。监管人员通过"食安柯桥"APP现场核对经营户信息、索证索票、抽检结果等情况，上传声像、现场取证、轨迹跟踪等。同时，开设掌上举报通道，动员社会力量参与食品安全监管。

四是强化实时管控。针对市场交易环境随时变化、经营者文明意识欠缺难以自律等问题，柯桥区投资50余万元，在城区及集镇农贸市场全部安装了电子监控设备，农村小菜场在改造提升的同时也安装实时监控设备，并接入各镇（街道）市场监管平台，与"食安柯桥"移动终端无缝对接。监管人员通过"食安柯桥"APP实时检查市场经营情况，实现移动执法。

3.2 从信息化管理向信用管理的转变

3.2.1 "五个放心"的实现机制

绍兴市紧紧围绕"省放心农贸市场"的创建标准，通过财政保障、督查考核、规范经营、市场监管等方面完善制度机制，严格落实"消费环境放心、食品安全放心、管理服务放心、诚信经营放心、价格计量放心"等"五个放心"标准要求。

一是加大扶持力度。在省财政奖补的基础上，绍兴市各区、县（市）政府根据实际出台奖补政策。其中，绍兴市300万元、柯桥区400万元、上虞区200万元、嵊州市60万元、新昌县50万元，作为省放心市场创建及农贸市场长效管理的奖补资金投入。

二是强化督查考核。绍兴市各区、县（市）农贸市场改造提升领导小组办公室组织相关部门对辖区内省放心农贸市场创建工作开展自评活动，对照标准，严格打分，针对存在问题进行先期整改。同时，由市农贸市场改造提升领导小组办公室牵头，组织领导小组各成员单位，分组对各区、县（市）改造提升工作推进情况以及21家省放心农贸市场创建情况进行集中督查，一方面将督查情况进行通报，另一方面根据通报内容对存在问题的市场开展"回头看"，并逐家进行指导，确保创建成功。

　　三是完善制度规范。绍兴市场监督管理局指导农贸市场建立健全食品农产品准入、进货检查验收、信用记录、消费调解等各项制度，并在农贸市场内统一上墙公示。同时，结合地方实际，先后出台《绍兴市区农贸市场摊位招投标管理办法》《农贸市场农产品直销摊管理办法》《绍兴市农贸市场长效管理机制实施意见》等一系列配套文件，通过建章立制，为农贸市场长效管理建立了制度保障。

　　四是加强经营户考核。在市场监管部门的指导帮扶下，2013年，绍兴越城区大龙农贸市场率先试点实施了经营户文明诚信管理办法，设立经营户文明诚信管理基金，以"日考、月评、年终兑现"的形式对场内经营户日常经营活动进行考核奖励。市场文明诚信管理基金的设立，不仅在一定程度上降低了摊位费，发挥了基金的正面引导作用，还通过考核将经营户的经营行为与自身利益直接挂钩，提高了经营户诚信经营规范管理意识，市场经营秩序、环境卫生状况和服务态度得到明显改善。目前，该模式已在市区主要农贸市场全面实施。

五是强化行业自律。在绍兴市市场监管局的指导下，绍兴市成立了绍兴市农贸市场专业委员会，通过整合行业资源，建立行业自律规范和约束机制，围绕农贸市场建设与管理的主题，定期召开理事会议，就农贸市场地位和作用、社会责任和任务、改造升级和长效管理等行业性重点问题展开深入研讨。结合诚信示范市场创建、星级市场评定等工作，定期或不定期组织农贸市场会员单位开展达标互评活动，查找存在问题，寻求解决对策，引导市场强化行业自律，有效提高市场整体竞争力，提升市场规范化管理水平。

六是开展食品安全整治。绍兴市市场监督管理局明确了市场举办者责任，要求农贸市场举办者与场内经营者签订食品安全责任书，严格审查入场食品经营者主体资格，定期开展食品安全知识培训，建立经营户食品安全管理档案，健全食品安全监督管理制度。完善市场检测制度，建立健全检测台账。严格执法，强化监管，严厉打击市场内销售假冒伪劣、过期变质和"三无"食品等违法行为，不定期开展市场肉品、水产品等重点食品系列整治行动，确保了市场规范，改善了食品安全状况。

3.2.2 激励与惩戒并重的长效机制

2012年，绍兴市政府办公室出台《绍兴市区农贸市场公益性建设工作方案》（绍政办发〔2012〕143号），设立市区农贸市场长效管理奖补资金。

2017 年，绍兴市农贸市场改造提升领导小组办公室结合绍兴实际，专门制定了《关于构建绍兴市农贸市场长效管理机制的实施意见》，并配套出台了市区农贸市场长效考核及资金奖补办法，采用月度考评与年终综合考评相结合的办法，从市场的基础设施、制度建设、食品安全以及群众评价等方面进行考评。

农贸市场（集散中心）长效管理考核，采用委托第三方测评、部门检查、智慧化监控设备抽查、镇街意见相结合的办法。根据考核排名结果，设置农贸市场规范管理奖，对获得一、二、三等奖的市场举办者分别给予 20 万元、15 万元、8 万元的资金奖励；设立国家文明城市和卫生城市创建补助资金，对积极配合创建工作的农贸市场分别给予 2 万—3 万元不等的创建补助；对电子追溯系统建设的农贸市场，根据审核验收结果，分别给予 5 万元、4 万元、3 万元不等的奖补。

为使农贸市场长效管理考核工作更加专业、公正、公平，绍兴市市场监督管理局注重发挥第三方测评机制的作用，对农贸市场亮证经营、环境卫生、场内秩序等日常管理开展第三方测评。测评采取随机暗访的方式，测评结果作为长效管理考核排名的依据。诸暨市将测评工作列入市政府对乡镇（街道）考核的内容，由市场监管部门每季考核排名。

在通过奖补方式激励市场举办方创先争优的同时，绍兴市也加强约束机制的建立，激励与惩戒并重，落实长效管理。根据《关于构建绍兴市农贸市场长效管理机制的实施意见》，在考核评价中，得分 70 分以下的为不满意市场。出现以下六种情况的实行一票否决，直接认定为不满意市场：一是市场因违法经营被媒体曝光造成恶劣影响的，或被上级部门检查发现有突出问题的；二是在文明城市创建、平安创建、食品安全城市创建等创建工作中，存在严重问题影响整体创建的；三是发生重大食品安全事故、安全事故或恶性刑事案件的；四是发生群体性上访事件的；五是被查实存在活禽交易情况的；六是其他严重情况的。被评为不满意市场或月度考核最后一名的，第一年从管理基金中扣除 30%，第二年扣除 70%，第三年取消管理资格。

3.3 创新性

3.3.1 计量、结算、溯源三位一体的技术创新

根据《浙江省餐桌安全治理行动三年计划（2015—2017 年）》要求，自 2015 年以来，绍兴市市场监督管理局积极在全市组织开展以城区农贸市场快速检测体系建设和食用农产品市场质量安全追溯体系建设为内容的"双体系建设"。以食用农产品市场准入管理为核心，以检测工作为倒逼手段，按照"源头可溯、全程可控、风险可防、责任可究、公众可查"的基本要求，切实加强流通环节农产品质量安全监管，不断提高全市食用农产品质量安全监管水平，保障公众消费安全。截至 2018 年底，全市 64 家城区农贸市场全部完成"双体系建设"任务，建成率达 100%。

在"双体系建设"顺利推进的同时，2017 年 8 月，绍兴市柯

桥区市场监督局在城区农贸市场开展全省首个基于光闪付手段的"食用农产品溯源系统"试点,从零售终端开始,迈出了食品安全电子化追溯的第一步。绍兴市市场监督管理局选点中国轻纺城综合市场,启动了农产品溯源系统建设工作,运用"光闪付"支付平台,探索建立银行出钱、网络公司出技术、市场监管部门出政策的三方联合工作机制,围绕三个"两手抓",即"一手抓宣传发动一手抓优先选择、一手抓软件改进一手抓硬件施工、一手抓方案策划一手抓启动筹备",顺利完成了柯桥区第一家农贸市场的试点任务,架构起应用电子化监管手段开展农产品全程追溯体系建设的新思路。柯桥区市场监管局在绍兴市市场监管局的大力支持下,与绍兴市屠宰办等联合进行猪肉、家禽的光闪付追溯工作,首先在这两个领域实现二级追溯。

作为基于光闪付手段的"食用农产品溯源系统",电子秤是不可或缺的技术环节,计量标准是重要的支撑要素。物价、质监、市场监管等部门联合开展农贸市场经营商品明码标价和计量器具标准合格专项检查,督促市场经营户依法经营、明码标价和计量准确,杜绝漫天要价、"黑心秤"等不法宰客行为,切实维护消费者合法权益。物价部门在明码标价的基础上,探索推行明码实价,在市区所有参加农贸市场长效管理考评的市场建立实时采价系统。在操作中,将光闪付支付系统与电子秤连接,消费者通过手机上的"闪易"APP软件扫一扫摊位前的光闪付机,实现一键支付。如果发生纠纷,可以通过点击电子小票上的"可追溯"就能了解到所购农副产品的货源信息，同时还可以实现"免现金、避假钞、省找零、账务明"功能。

基于"双体系建设"、光闪付、电子秤，绍兴市柯桥区的放心农贸市场试点整合"一证一物一码"信息，以电子结算方式实现产品追溯，这种"信用＋溯源＋支付"的智慧农贸管理模式，通过对农副产品的交易数据追溯，实现对摊主诚信经营的信用记录，再根据摊主的经营行为，建立特定的信用评分标准，从多个考核维度对摊主经营信用信息进行量化评估，并在市场进行公示。这一技术体系和管理方式有力支撑了农贸市场信用信息的记录、公开、共享、使用和奖惩兑现，成为农贸市场诚信体系建设的重要手段。

3.3.2 政府引导、市场主导的农贸市场诚信管理机制创新

绍兴市自实施农贸市场长效考核办法以来，打分制成为"诚信经营放心"管理体系的重要组成部分，有效促进了"五个放心"目标的达成。以柯桥区裕民农贸市场为例，该市场实行十二分制的打分办法，对全年考核信用评价得分最低、平时不服从管理、各方面表现较差的经营户实行末位淘汰措施。

裕民农贸市场的具体做法是：市场举办者每月对巡查考核扣分情况进行确认后公示，全年累计扣除6分的，要停业整顿；累计扣除10分的，取消下年度招租资格，退出市场，并且两年内不得进入市场经营。在信用等级评定中，评分月得分9分以上的为B级，10分以上为A级，11分以上为AA级。"文明诚信经

营户"在市场经营期间，出现重大违纪违规、不文明行为及消费者投诉案例，造成不良影响的，直接取消本年度"文明经营户"评选资格。全年考核结果信用评价分数在 11 分以上，结合平时各方面表现较好者，取得本年度文明诚信经营户候选人资格，最终由市场管理人员表决通过。每年 12 月 20 日后，市场将名单进行公示及挂牌、奖励。

按照政府引导、企业主导的原则，绍兴市通过信用等级评定和积分管理，使农贸市场诚信建设制度化，并实现了量化管理，这是诚信管理机制的有效创新。

4. 成效评价

4.1 对新技术应用的实效评估

绍兴市柯桥区 2016 年在中国轻纺城综合市场试点启动农产品溯源系统建设工作，2017 年"光闪付"农产品质量安全电子追溯系统建设在 22 家农贸市场推广。每家市场较好落实了"家家有管理、户户有档案、批批有票证"的追溯体系建设要求，截至 2018 年底，全市 64 家城区农贸市场全部完成追溯体系建设。该农产品溯源系统按照开放、简便、有效的要求，集食用农产品快检信息推送、质量安全溯源、移动监管执法、社会投诉举报等功能于一身，实现了"公众可即时查询，问题可及时处置，供应源头可随时追溯"的目标。

同时，农贸市场追溯系统接入镇街"四大平台"，2017 年底已实现星级农贸市场 Wi-Fi 全覆盖,做到各个摊位交易量实时统计,食品安全相关部门、各市场快检室的日常检测数据信息全面接入,同步上传,为实现大数据监管打下了基础。

4.2 对配套管理技术的实效评估

快检体系和计量管理是实现农贸市场智慧监管、建立诚信管理体系的重要基础配套。绍兴市取得了如下成效:

一是建立了市场快检体系。以裕民放心农贸市场为例,由第三方检测机构完成每个星级农贸市场快速检测每月"两个全覆盖"、批发市场快速检测每周"两个全覆盖"。对批发市场实行驻点检测,对其他农贸市场实行巡回覆盖检测,全年检测 15 万批次以上。

二是实现了价格计量标准化管理。市区所有参加农贸市场长效管理考评的市场均建立实时采价系统;市市场监管局与市质监局联合开展了全市农贸市场计量器具专项监督检查活动,出动检查人员 770 余人次,检查农贸市场 176 家,检查电子计价秤等计量器具 5200 余台,发现存在问题的计量器具 152 台。其中,柯桥区对全区 1200 个农产品经营户的电子秤进行统一配置、统一管理、统一检定、统一轮换。

4.3 对财政投入的实效评估

基于农贸市场作为社会公共服务基础设施重要组成部分的功能定位,绍兴市率先提出"政府购买服务"的思路,以政府为主导进行投资建设,力求用最小的经济成本带动社会资本投入,利用政府平台带动各方力量参与农贸市场长效管理。绍兴市财政投入扶持资金 8000 万元，实际投入改造资金达 1.6 亿元。全市放心农贸市场提升工程取得了政府、群众、经营者"三满意"的成效。

5. 经验及启示 📝

5.1 可借鉴的经验："制度 + 科技"推进诚信建设制度化

绍兴市在推进"放心农贸市场提升工程"深入实施的过程中，坚持以技术创新为驱动，以长效机制为保障。绍兴实践，在"四化"上对全国具有普适性。

一是标准化。依托"计量 + 支付 + 溯源"三位一体的新技术体系，放心农贸市场的信用等级评价、奖惩管理均采用基于大数据的标准化管理模式，量化考评，动态管理。

二是属地化。各镇（街道、开发区）按照"属地原则"，承担农贸市场公益性建设总责，负责牵头加强对农贸市场周边马路市场的组织协调整治，为放心农贸市场建设净化环境。

三是公益化。强调农贸市场"准公共产品"的特性，引导市场举办者和经营户履行社会责任，为放心农贸市场的诚信建设创造了软环境。

四是专业化。加强对市场管理队伍的培训，提高专业化管理水平。同时，鼓励扶持培育农贸市场专业化管理机构，引导无意自行经营管理的市场委托具有法人资格的企业进行托管。

5.2 对"建立信用评价监督机制，建设诚信放心市场"的启示

——推进食品安全诚信体系建设，需要建立健全诚信评价制度。完善食品安全法律法规，加强食品安全标准体系建设，使诚信经营和诚信评价有据可依。培育诚信服务机构，提高诚信服务机构的食品安全检测水平，规范诚信服务机构管理，指导诚信服务机构按标准开展企业诚信评价。建立健全食品安全信息征集和披露机制，建设权威、便捷的食品安全信息交流平台，使诚信信息成为食品生产经营者的"市场身份证"，引导生产要素流转和消费选择，通过优胜劣汰打造消费者放心的良心产业。

——推进食品安全诚信体系建设，需要建立诚信激励约束机制。加快建设食品生产经营者诚信档案，动态更新完善诚信信息数据库，对食品生产经营者诚信状况实行分类定级，根据诚信状况实施宽严相济的差异化监管，优化监管资源配置，增强监管执法的针对性。积极推进食品安全监管部门与金融、税务、海关、保险、证券等机构实现诚信信息共享，建立诚信与利益的正向关系，形成诚信受益、失信惩戒的激励约束合力。

——推进食品安全诚信体系建设，需要发挥互联网技术优势。运用大数据推动诚信体系建设，是改变社会治理结构的重大举措，对整个经济运行和现代食品安全治理都将产生深刻影响。随着大数据、云计算、物联网、移动端 APP、人工智能等现代信息技术的发展，数据无所不在、无所不及。企业的经营信息、个人的消费信息都会被一一记录下来，也都处在大数据的监控之下。这些

海量的数据将成为诚信体系建设重要的资源，大数据技术也使建立社会诚信体系和实现智慧监管成为可能，形成"一处失信、处处制约，事事守信、路路畅通"的信用联动奖惩制度。

6.有待探讨或需进一步完善的问题

一是企业信用意识有待提升。推进食品安全信用体系建设，有利于从根本上保障广大人民群众的身体健康和生命安全，有利于实现食品行业的可持续健康发展，是保障食品安全的长效机制和治本之策。但在开展食品安全信用体系建设的进程中，许多企业还没有认识到开展此项工作的重要意义，积极性、主动性始终不高，工作敷衍，食品安全信用体系建设的推进较慢。

二是信用信息资源共享难以实现。目前信用数据掌握在不同部门手中，各个部门按照各自独立的信用系统对企业信用状况进行评级，评价标准不一。单个部门掌握的信用信息单一，在准确性上存在缺陷。由于建立资料库对各种硬件、软件设施的要求较高，现在的征信机构或评级机构的专业性欠缺，很难满足向社会提供信用服务的需要。

三是食品安全信用机制有待完善。现阶段，我国食品安全诚信体系建设缺乏激励与惩戒机制的科学设计，使得信用管理未能发挥对经济利益的调节机制作用，导致企业参与信用体系建设的积极性不高，公众对于信用等级的认同度低。

典型案例⑤

四是信用体系建设缺乏法律强制的外在保障。在我国现行的法律体系中，体现诚信原则、确立信用机制的法律法规，无论在总体上，还是在食品专门领域都偏少，应加快建立健全信用法律法规体系和标准规范建设，尤其是建立健全针对企业信用的基本法律法规指引，比如企业商业准则、公平信用报告、信用控制、公平信用信息披露、公平与准确信用交易等。目前的食品安全信用体系建设工作主要以企业自愿为基础，企业若应付了事，信用信息的征集会出现不及时、不全面的问题，相关诚信制度的运行效果会打折扣。

7. 总结

诚信经营是推动诚信建设制度化的一项重要内容，是切实维护消费者合法权益、优化购物消费环境、构建诚信社会健康发展的一项重要举措。绍兴市在推进"放心农贸市场提升工程"方面，围绕农贸市场和农产品集散中心"准公共产品"的定位，以"保供应、促安全、稳物价、优环境"为目标，以"政府购买服务"为主导，强化市场举办者责任，夯实市场日常管理基础，健全长效管理机制，全面提升了农贸市场规范管理水平。

为进一步推进农贸市场公益性建设和长效管理工作，绍兴市采取了一揽子政策措施，主要包括：制定农贸市场和农产品集散中心长效管理考核奖补办法，激励与惩戒并重，引导市场举办者诚信经营；引入第三方检测机构，对流通环节的食用农产品开展全覆盖"快检"，承担从样品抽取、检验、数据上传到后续处理的全周期服务；引进专业化的市场管理团队，探索市场所有权与管理权分离的发展模式，实现市场建设管理水平的提升，坚决避免"一包了之"的做法，物价、质监、市场监管等部门联合开展农贸市场经营商品明码标价和计量器具标准合格专项检查，督促市场经营户依法经营、明码标价和计量准确，坚决杜绝漫天要价、"黑心秤"等不法宰客行为，切实维护消费者合法权益。

绍兴市创新运用物联网、云计算、大数据等技术对传统的农贸市场进行升级改造，集成计量、溯源、支付等新技术，以柯桥区为试点，先行先试，率全省之先开展光闪付食用农产品快速追溯系统建设，有效实现了食品溯源、智能电子支付，解决了短斤缺两等问题，并为实施智慧监管提供了技术支撑。

专家评价

为保证"舌尖上的安全"，绍兴市各级党委政府及相关部门认真贯彻落实中央部署要求，把食品安全工作摆在更加突出的位置，不断完善食品安全各项政策法规，完善监管机制，创新监管手段，地方食品安全治理取得了明显成效。

有效解决食品安全问题，除了制度因素外，人的因素或者更准确地说是文化因素必不可少，具体来说就是诚信文化。大力推进食品安全诚信体系建设，加强食品行业职业道德建设，增强全社会的食品安全诚信意识，是食品安全的治本之策。在推进食品安全诚信体系建设的过程中，绍兴市积极运用"互联网+"、大数据等现代信息技术实施智慧监管，包括计量、结算、溯源三位一体的技术创新，政府引导、市场主导的农贸市场诚信管理机制创新等，有效提升了农贸市场规范管理水平。现代信息技术的应用，使得食品生产、经营、使用、检测、监管等各环节安全责任更为明晰，出现问题可及时查询、及时处置、随时追溯。互联网信息技术的应用，通过监督企业的诚信经营状况，切实维护消费者合法权益，实现了技术红利向管理红利的转变。

绍兴市通过技术创新驱动食品安全诚信体系建设的做法，不仅为其他地方解决相关问题提供了经验借鉴，也为诚信社会的构建提供了案例遵循。

点评专家

杨岗

国家审计署司长

国务院特殊津贴专家

典型案例 ❻

从绍兴"老字号品牌知识产权保护"看信用监管新模式

1. 概述

"老字号"是指在长期的生产经营活动中，沿袭和继承了中华民族优秀的文化传统，具有鲜明的地域文化特征、历史痕迹、独特工艺、经营特色的产品、技艺或服务，取得了社会广泛认同，赢得了良好商业信誉的企业名称以及"老字号"产品品牌。在漫长的发展中老字号品牌积淀下来，蕴含着独有的商业价值、社会价值和文化价值。

绍兴是具有 2500 多年历史的文化名城，而"老字号"是绍兴丰厚文化内涵的一种体现，是这座古城的历史和印记。为了历史传承，绍兴市市场监督管理局全面贯彻党的十九大关于"强化知识产权创造、保护、运用"精神，担负起"老字号品牌知识产权保护"的使命，坚持问题导向，动员社会各界积极参与，探索"老字号品牌知识产权保护"信用监管新模式。

2. 案例背景

由于缺乏对老字号品牌的有效保护，绍兴老字号品牌存在不同程度被"山寨"、被"逼停"、被迫离开"发源地"等多重问题。山寨老字号随处可见，多数老字号企业面临着行业"李鬼"的低成本竞争，消费者在鱼龙混杂的市场中真伪难辨，假货盛行损害了老字号的品牌形象。

2.1 我国老字号品牌发展现状

新中国成立初期，我国的中华老字号企业约有 1.6 万家，涉及零售、餐饮、医药、食品加工、烟酒加工、照相、书店、丝绸、工艺美术和文物古玩等行业。曾经历过三次冲击：上世纪 50 年代的公私合营，不少老字号被"合"掉；70 年代，老字号的生产经营遭受破坏；90 年代起直到现在，老字号在西方经营理念和多样化业态的冲击下相继崩溃。在历史的大浪淘沙中，我国老字号品牌发展步入艰难时期。目前，亏损、倒闭、破产的老字号品牌占 70%，经营效益好的占 20%，1990 年由原商业部评定的中华老字号仅剩下 1600 家，占新中国成立初期的 10%。且名牌每年正在以 5% 的速度减少，中华老字号在其中占有不小的比率。

中华老字号品牌是中华民族商业智慧的结晶，但许多老字号企业并没有合理地运用长期积累的知名度和赞同度。因缺乏品牌意识，品牌的市场定位也不够明确，更不重视品牌形象的塑造和管理，从而丧失了品牌的市场占有率。"山寨货"因低质廉价而损害了正规企业的形象，削弱了消费者对正牌老字号的认同。许多老字号企业对时代的发展变化认识不足，对消费者的喜好和消费观念的变化研究不够，只固守产品的传统特色，使得产品陈旧、品种单一，造成产品滞销、门庭冷落。由于老字号企业在研发、营销、管理等环节都缺乏足够的继承者和创新者，阻碍了品牌的守成与创新。

老字号品牌的"老"可以说是一把双刃剑。"老"，可以作为企业最大的传统优势，但企业又不能抱着老思路、老方法，故步自封。时代变迁赋予了消费者更多的选择权，新时代是消费者主导的买方市场，老字号品牌的卖方市场经营模式已经不适应时代发展的需求。

2.2 我国老字号品牌知识产权保护现状

早在2008年国务院就颁布了《国家知识产权战略纲要》。《纲要》提出了战略目标：到2020年，把我国建设成为知识产权创造、运用、保护和管理水平较高的国家。知识产权法治环境进一步完善，市场主体创造、运用、保护和管理知识产权的能力显著增强，知识产权意识深入人心，自主知识产权的水平和拥有量能够有效支撑创新型国家建设，知识产权制度对经济发展、文化繁荣和社会建设的促进作用充分显现。适时做好遗产资源、传统知识、民间文艺和地理标志等方面的立法工作。加强知识产权立法的衔接配套，增强法律法规可操作性。《纲要》明确了战略要点：完善遗产资源保护、开发和利用制度，防止遗产资源流失和无序利用。协调遗产资源保护、开发和利用的利益关系，构建合理的遗产资源获取与利益分享机制。保障遗产资源提供者知情同意权。

"老字号"需要系统的知识产权保护。老字号具有鲜明的中华民族传统文化背景和深厚的文化底蕴，取得了社会广泛认同，形成了良好信誉品牌。其成长历经了漫长的文化和时间积淀，其实质可以概括为在长期经营活动中逐渐积累而产生的以产品、技艺、服务为体现的一组准确把握客户需求的存量知识。由此也可以看出，"老字号"的知识产权保护范围涉及商标、专利、版权的每一个环节。"老字号"要想重现历史繁华，急需建立完善的知识产权保护体系，从产品、服务、技艺等多方面进行全面的梳理，从源头上做好知识产权保护。但由于法律意识，尤其是商标意识淡薄，国内有不少老字号连商标都没有注册。由于缺乏商标意识，许多优秀的品牌无形资产流失，老字号被抢注的情形时有发生，青岛啤酒在美国抢注，同仁堂、女儿红、杜康和狗不理在日本被抢注，竹叶青在韩国被抢注等。

目前，缺乏中华老字号的保护机制，中华老字号商标被滥用和盗用的情况较常见，尴尬的是，由于缺乏对中华老字号保护的统一立法，针对老字号商号的登记、商标权的取得、商号和商标权冲突的解决机制，目前均无法可依。在很长时间内，缺乏明确的评定中华老字号的标准。自原商业部做出评定中华老字号的工作后，一些不符合老字号标准的企业经常以中华老字号的名义做广告宣传，对真正中华老字号产品的信誉和厂商的名誉造成不良影响，严重损害了中华老字号企业的利益，也降低了中华老字号的品牌价值。

2.3 绍兴市老字号品牌发展及知识产权保护的现状

目前，绍兴经商务部认定的"中华老字号"13 家、"浙江老字号"35 家、"绍兴老字号"76 家，这一块块历经沧桑的老字号招牌，它们不仅见证着绍兴商业文明的变迁，也是历史赋予绍兴的无形资产与宝贵财富。然而，这些在经济、社会发展中有着特殊价值的老字号，如今却在自身发展、传承过程中，不同程度地遇到了被"山寨"、被"逼停"、被迫离开"发源地"等危机。

一是老字号品牌保护力度不够。多数老字号企业面临着行业"李鬼"的低成本竞争，山寨老字号随处可见，消费者在鱼龙混杂的市场中真伪难辨，导致假货事件的投诉频频发生。

二是老字号生存和发展的状况堪忧。原有的绍兴老字号企业多集中于老城区，随着市场化的深入以及国际市场的开放和多元化，人工成本等不断上涨，许多老字号经营举步维艰，繁华商业地段的高租金给其生产经营带来了巨大成本压力，有的老字号被高租金"逼停"。老字号企业在保留金字招牌荣誉的同时，也存在保留历史传统和发展创新方面的矛盾，发展转型的困境严重影响了老字号市场竞争力。

三是老字号历史急需合理保护。一些老字号因为城市建设、经营成本等原因被迫离开其"发源地",加之绍兴的一些历史街区长期处在停滞冷藏状态,很多建筑已成危房,历史建筑及风貌急需保护,老字号需在新的城市规划与发展过程中焕发新的生机。

3．案例介绍

3.1 绍兴老字号品牌维权之路：以绍兴黄酒为例

绍兴市市场监督管理局全面贯彻党的十九大精神,以习近平总书记提出的"四个最严"为指导,以维护公平竞争秩序、保护生产者和消费者权益、助力产业转型升级为目标,坚持治理规范与振兴产业相结合、企业自律与部门监管相结合,统筹兼顾,突出重点,依法维权,促进黄酒产业持续健康发展,开展黄酒品牌维权专项活动。

黄酒产业是绍兴传统产业的重点。绍兴现有 14 家规模以上黄酒企业,年产量 48 万吨,占浙江省的 62.7% 和全国的 26.2%,销售值 43 亿元。一直以来,绍兴市致力于绍兴黄酒的传承与保护,加强黄酒产业质量安全监管,按照"办案查工艺质量、维权查标志标识"的思路,全面排查酒类产品生产、销售及餐饮服务环节风险隐患,严厉打击违法生产经营行为,督促生产经营者落实主体责任,取得显著成效。

2017 年,绍兴市专门成立了绍兴黄酒商标维权办公室,与古越龙山、会稽山、塔牌等 14 家绍兴本土重点黄酒生产企业的销售网络、品牌认证等进行对接,实现监管部门与酒企之间信息共享，定期发布信息预警，精准打击黄酒侵权行为，助力绍兴黄酒产业升级发展，擦亮了绍兴黄酒"金名片"，也提升了老百姓的幸福生活指数。立案查处16件，涉及商标侵权、虚假标注、违法广告和不正当竞争等。

绍兴市市场监督管理局大力实施黄酒品牌维权十大措施，具体包括：开展绍兴黄酒产品标识标注"维权一号"执法行动；探索以"先查工艺质量后查标注标识、先谈法人代表后谈质量总监"为内容的"双查双谈"监管模式；确立"先产品后商标、先本地后外地、先线下后线上"的专业维权思路；积极推动修改绍兴黄酒国家标准，"三方规范"出台意见；利用信息化监管手段设"四家试点"全程追溯；季度发布引领舆论；源头培训落实主体；线上线下办案震慑；加强食品检验机构建设，修订新标准；推广"龙头示范、专业维权"的监管模式。

2017年6—7月，绍兴黄酒产品标识标注"维权一号"执法行动拉开帷幕，监管部门对市内黄酒生产企业、黄酒经销企业及黄酒网商的黄酒商标标识和产品标签情况进行检查。共发现问题169个，收集意见113条，现场责令限期整改企业64家，立案查处1起。

绍兴市市场监管局结合"智慧绍兴"建设，以古越龙山、会稽山、塔牌、越王台为试点，利用信息化监管手段在全省率先建立绍兴市特色地产食品电子追溯体系。以生产环节质量安全管理为切入点，结合产品标准、生产用水、原料大米、添加物、包装和标签等风险因子，同步记录原料采购、生产过程、成品验收、仓库储存、产品销售消费的全部信息，实现来源可查、去向可追、责任可究，强化"从原料到成品"的全链追溯。目前，试运行平台已采集相关数据 2000 多组，有效促进了绍兴黄酒生产企业质量管理水平提升，确保绍兴黄酒产品质量总体可控。

绍兴市市场监管局积极探索以"先查工艺质量后查标注标识、先谈法人代表后谈质量总监"为内容的"双查双谈"监管模式，不断加大对黄酒企业食品安全的监管力度。监管部门通过分析近三年查办的黄酒案件，"先查工艺质量"，梳理出黄酒生产中存在的典型违法行为，排查出产品标准、生产用水、原料大米、添加物、塑化剂与 EC、工艺与成本、年份酒、包装和标签、回收黄酒和低价竞争等十个风险因子，为科学监管找到了直接依据。同时，监管部门组织开展了绍兴黄酒质量标识"双查"专项执法行动，以全市黄酒生产企业、黄酒经销企业及黄酒经营网商为重点对象；"后查标注标识"，重点检查黄酒产品标注标识有否擅自使用或不规范使用"绍兴黄酒"地理标志证明商标，黄酒产品标注标识有否使用虚假、误导或绝对化等违法宣传用语等四个方面内容。同时，采取法人代表和质量总监"双约谈"方式，不断强化食品生产企业质量安全主体责任意识。

3.2 绍兴市推进老字号品牌知识产权保护的政策措施

3.2.1 政府推动引导

维护知识产权、反对不正当竞争，建立一个健康、有序、公平的市场体系是依法治国的重要组成部分，也是法治食安的重要内容。绍兴市人大推动老字号保护方面行使地方立法权，对老字号品牌提出相关立法保护建议：通过立法建立老字号认证的标准体系，加强老字号认证工作，建立老字号企业名录体系，开展老字号企业普查工作，健全老字号企业档案。加强对老字号工作的认证，有利于营造老字号企业发展的消费环境和社会氛围，也有利于借助政府监管、行业协会自律、社会监督三方面措施加强对老字号品牌的保护和规范。同时，还可以通过规范的认证和保护，逐步培育绍兴新一代"老字号"。

根据绍兴市市场监督管理局编发的《2017年绍兴市商标品牌发展年度报告》，绍兴商标战略2018行动计划的主要目标包括：坚持服务与监管并重，全面构建"分类培育梯次推进、区域品牌亮点纷呈、商标助企卓有成效、执法监管能力提升"的商标工作格局，努力实现绍兴商标品牌发展助推经济转型升级取得实效。截至2018年，全市共有有效注册商标数量累计达95779件，行政认定驰名商标累计达83件。成功创建20个浙江省专业商标品牌基地，3个省级示范县（市、区）、3个省级示范乡镇（街道）、18个省级示范企业。

3.2.2 龙头企业示范

管好大型企业就等于抓住了食品安全"牛鼻子"。绍兴市市场监督管理局高度重视大型食品企业的监管工作，充分发挥古越龙山、会稽山等大中型企业的龙头示范作用，积极探索"龙头示范、专业维权"的信用监管模式，通过抓住"关键少数"，引导"行业多数"，共同落实食品安全主体责任，有效保障绍兴黄酒行业健康发展。

2017 年 8 月，浙江省大型食品生产企业落实食品安全主体责任工作推进会在绍兴召开，会稽山绍兴酒股份有限公司介绍了会稽山黄酒生产过程的风险控制及主体责任落实情况；中国绍兴黄酒集团有限公司从制度落实、技术支持、原料把关、风险监测、全程监控等方面，介绍了食品安全主体责任落实的做法。

通过政府引导、从严监管、专业维权、标准提升、品牌保护、行业自律等多项举措，有效促进绍兴黄酒生产企业质量管理水平提升，擦亮了绍兴黄酒老字号的"金字招牌"。

3.2.3 行业加强自律

绍兴市积极发挥行业协会在加强行业自律方面的作用。绍兴是浙江省内最早组建老字号企业协会的地级市之一，绍兴市老字号企业协会成立于 2008 年 1 月，涉及黄酒、医药、文化、教育、纺织、餐饮服务、食品等领域，目前会员企业中有 13 家中华老字号企业、33 家浙江省老字号企业、42 家绍兴市老字号企业，老字号企业总量在省内同等城市中名列前茅。

绍兴市老字号企业协会积极发挥协调和组织作用，形成绍兴老字号企业对外宣传和品牌推广的合力，增强消费者对"老字号"产品和服务的信任度；通过建立会员单位信用记录，加强行业自律建设。

3.2.4 消费者专业维权

绍兴市建立了全方位、立体式的消费者监督体系，促进了老字号的保护与发展。由绍兴市消保委推荐的消费者代表担任"食品安全监督员""消费评议员"和"消费义工"，对商品和服务的质量、价格、计量、品种、供应、服务态度、售后服务等进行监督。注重加强对公众的法律教育，包括对知识产权的维权教育、对虚假宣传维权的教育等。良好的消费者维权机制对老字号企业形成了倒逼机制，在一定程度上杜绝了"店大欺客"的现象。

3.2.5 监管部门严格执法

针对"绍兴黄酒""会稽山"等多个绍兴黄酒知名商标在国际市场上被恶意抢注，国内市场绍兴黄酒被假冒现象时有发生的状况，绍兴市市场监管局加大对黄酒传统产业整顿、规范和保护力度。经绍兴市政府同意，市场监管局成立了绍兴黄酒商标维权办公室，以收集行业信息、提供技术支撑、实现快速查处为主要职能开展工作。

监管部门从严执法，查办一批黄酒违法大案要案。利用开展专项执法行动、发动企业提供被侵权信息、参加全国糖酒交易会等多种渠道，全方位收集黄酒违法案件线索，先后会同公安等相关部门查办了一系列典型案件。2017年，绍兴市市场监督管理局开展了八大专项行动：黄酒标识标志"维权一号"专项行动、打击黄酒商标侵权"溯源"专项行动、黄酒标识"红盾网剑"专项行动、黄酒维权县市联动执法专项行动、黄酒维权地市联动执法专项行动、黄酒省外维权专项执法行动、生产环节黄酒企业专项执法行动、打击黄酒非法添加专项执法行动。绍兴市共立案查办黄酒案件 16 件，其中产品不合格 4 起，虚假标注（侵权）4 起，广告违法 4 起，违反生产管理规定 3 起，不正当竞争 2 起。

3.3 创新性

3.3.1 老字号品牌培育机制创新

绍兴市市场监管局强化老字号品牌推介，拓展品牌宣传渠道，通过媒体、网络、展示活动等多种途径，积极做好绍兴特色品牌的宣传工作，加大商标品牌企业产品推介力度。

一是实施商标战略。深入走访重点企业，加强宣传引导力度，着力提升企业商标品牌价值转化意识，积极引导品牌企业运用商标专用权拓宽资本运作渠道，全面覆盖各县（市、区）商标质押融资工作。加强与人民银行沟通协调，建立商标质押融资企业后备库，积极做好品牌企业与商业银行之间的牵线搭桥工作，联合筹划商标质押融资对接活动。强化服务指导工作，开辟驰名著名商标企业、涉农企业、小微企业商标质押融资的绿色通道，不断增加商标质押融资的企业数量和贷款数额，全力提高商标质押融资的工作效率。

二是实施品牌战略。打造区域品牌，支持各区县结合区域产业特色加强区域品牌培育，坚持走"品牌产品"与"区域品牌"共同发展道路，引导产业集群企业通过组建行业协会申请注册集体商标，以"集体商标＋企业自主商标"联合标注的方式，集中打造一批特色鲜明、竞争力强、市场信誉好的产业集群区域品牌，大幅提升绍兴老字号产业在国内外市场的影响力。

3.3.2 老字号品牌知识产权保护机制创新

绍兴市探索政府主导、企业自律、消费者监督的多边协同管理模式，加强对老字号品牌知识产权的保护。在此过程中，政府从经济活动的主角转为公共服务的提供者，在创造诚信、廉洁的营商环境、完善监管体系、加大执法力度等方面主动作为。

绍兴市的黄酒老字号商标维权案例表明，商标的认定和保护制度可以为老字号提供有效的法律保护。绍兴市市场监督管理局与行业龙头企业联手建立企业商标品牌打假维权办、商标品牌协作监测点、商标维权业务培训基地、商标品牌协作定期会商制、商标风险防范预警制等工作机制，将事前预警服务、事中监测防范、事后打假维权有机结合，"十大措施"成为一套为老字号企业的持续健康发展保驾护航的组合拳。

4．成效评价 📝

4.1 从品牌角度

老字号品牌拥有较高知名度、深厚的内涵、精湛的技艺、良好的信誉度。品牌所承载的精神与文化为老字号提供了良好的发展基础。老字号品牌知识产权保护捍卫了老字号品牌明确而独特的品牌形象，使品牌在消费者心目中享有较高的信誉度，形成比较固定、深刻的映像模式，能争取更多的消费群。在保护和强化老字号品牌基础上，保护并提升老字号品牌的市场影响力，引导企业做合理的品牌拓展，给企业创造超值利润。在拥有顾客青睐度的老字号品牌基础上推出新的产品，这样不但省去许多新产品推出的费用和各种投入，还通过借助老字号品牌的市场影响力，将人们对品牌的认识和评价扩展到品牌所要涵盖的新产品上，充分发挥老字号品牌的附加价值。

4.2 从监管角度

围绕绍兴黄酒的传承与保护，以品牌维权为抓手，绍兴市市场监督管理局多措并举、多边合作，不断加强黄酒产业质量安全监管。2017 年，绍兴市局针对检查中发现的突出问题，制定了《关于进一步规范黄酒商标标识和产品标签的指导意见》，围绕规范黄酒产品的商标标识、产品标签和广告宣传三大重点，坚持发挥协会作用、突出企业自律和加强行政监管三者并重，为黄酒产业规范健康发展提供有力保障。目前，《关于进一步规范黄酒商标标识和产品标签的指导意见》已在全市 75 家黄酒生产企业中推广落实。

4.3 从消费者角度

通过建立完善老字号品牌知识产权保护机制，绍兴市切实推进了老字号企业对产品的独特精湛工艺和童叟无欺的诚信基因的传承，让消费者在享用高品质产品的同时，也感受到老字号品牌所蕴含的工匠精神和诚信文化。消费者的青睐与选择，为老字号的创新发展营造了良好环境。

5. 经验及启示 📝

5.1 可借鉴的经验：老字号品牌多边协同管理，建立健全信用监管体系

诚信是市场经济发展的基石，从一定意义上说，市场经济是以信任为基础的信用交易活动，蕴含着对市场主体诚实守信的道德和法律要求。诚信是实现信用交易的前提和保障，是市场经济健康发展的生命线。只有市场主体诚实守信，才能避免道德风险、降低交易成本，形成良好的市场秩序，增强经济社会活动的可预期性，提高经济效率。

绍兴市市场监督管理局从商标维权入手，以"法治监管"为前提，以"信用监管"为突破口，以"风险管理""工艺质量""标准体系"等为主要手段，以"电子追溯""检测技术"为重要支撑，通过多边协同管理构筑事前、事中、事后全过程监管体系，营造讲诚信的商业文化氛围，引导人们在商业活动中不造假、不掺假，做到童叟无欺，从制度和文化两个方面为实施信用监管打下了基础。

5.2 对"传承和发扬老字号品牌诚信与创新的文化内核"的启示

老字号品牌传递给消费者的不仅仅是独特的风味、质量和信誉，更是一种文化价值。在悠久的历史积淀中，诚信支撑着"老

字号"的千秋基业和特质文化。"老字号"故事里蕴含的诚信精神，滋养市场经济中每个经济主体的行为。对品质的坚守、精益求精技艺的追求，诠释着工匠精神的内涵。保护老字号品牌就是对诚信品质的传承与发扬。在新时代，满足人民对美好生活的需求就要大力弘扬诚信这一中华民族的传统美德。

在现代社会，老字号要得以维持和发展，必须在传承的基础上不断丰富和完善其文化内涵，使历史内涵与时代韵律交相呼应。老字号在长期的经营过程中，形成了自己的一整套完备的制作生产工艺流程。在当今社会，"老字号"的传统工艺必须与现代化工具、理念和管理方式结合起来，才能生产出符合当代人需求的产品。推陈出新才能让老字号焕发出强大的生命力、竞争力和延续性。

6. 有待探讨或需进一步完善的问题 ✏

一是建立健全老字号信用监管体系。建立老字号品牌信用监管体系，充分运用经营异常名录、严重违法失信企业名单、联合惩戒监管信息平台等三大利器，完善信用约束机制。"信用监管"是通过对信用数据的归集、分析、挖掘和深度利用，实现对违法违规行为的有效预警，以信息公示、信息共享和信用约束等制度，形成"守信褒扬，失信惩戒，一处违法，处处受限"的严管格局，提升市场监管的精度和效能。

二是加快老字号保护与发展的地方立法。历史文化保护是地方立法权的重要内容，绍兴有必要开展相关立法，既对老字号予以确权，充分保护老字号的知识产权和其他财产性权利，也能够对侵犯老字号的行为给予有效的法律制裁。

7. 总结

党的十八大以来，我国市场监管工作步入一个新时期，也面临一些新挑战。十八大报告中指出，"经济体制改革的核心问题是处理好政府和市场的关系，必须更加尊重市场规律，更好发挥政府作用"。党的十九大进一步指出，以完善市场监管体制机制为着力点，不断提升市场监管的现代化水平，健全符合习近平新时代中国特色社会主义思想要求的市场监管模式，将信用监管作为构建现代化市场监管体系的核心内容。党的十八大、十九大针对市场监管做了两个不同方面的重要表述。因此，有效开展市场监管工作的一个前提就是要厘清在微观领域政府与市场的边界，在尊重市场、敬畏市场、顺应市场的前提下，做到不越位、不缺位、不错位。绍兴市市场监督管理局较好地处理了强化监管与优化服务之间的关系，通过监管机制的创新，提升了监管效率，促进了产业发展。

按照"办案查工艺质量、维权查标志标识"的思路，绍兴市市场监督管理局加大线上线下执法力度，建立由重点黄酒企业营销人员、技术人员、市场监管执法人员和公职律师组成的专业维权团队，部署开展了一系列绍兴黄酒商标维权行为；发挥古越龙山、会稽山、塔牌等15家重点黄酒企业销售网络、技术实力等优势，收集全国范围内假冒绍兴黄酒相关信息，为黄酒商标侵权案件的调查、定性、查处提供信息支撑；通过成立黄酒商标品牌维权办公室、建立"双查双谈"监管机制、出台规范行业标识标志指导意见、开展企业问题集体约谈和培训活动、建立电子化黄酒质量追溯体系、建设国家黄酒产品质量监督检验中心、建立季度食品安全新闻发布机制、参加世界地理标志大会展示活动、查办一批黄酒侵权违法大案要案等一系列针对性措施，探索了"龙头示范，专业维权"的信用监管模式。

专 家 评 价

绍兴市探索"老字号品牌知识产权保护"的多边协同管理，在政府推动下，强化企业自主品牌管理，发挥行业协会自律、消费者维权和舆论监督作用，并做好商务行政执法以及行政与司法的"两法"衔接，将事前预警服务、事中监测防范、事后打假维权有机结合。多边协同管理模式，有利于建立健全以信用为核心对"老字号品牌知识产权保护"的新型市场监管与服务机制，能够充分调动社会各方参与、各司其职，构建人人共建、人人共享的良性互动。

老字号品牌知识产权保护是对诚信文化的弘扬。品质至上、童叟无欺是老字号永葆生命力的价值支撑。保护老字号知识产权，需要完善的法律法规标准体系作基础，需要政府强有力的监管体系作保障，需要市场自身的力量净化环境，需要整合全社会力量褒扬诚信、惩戒失信，进一步完善法治化的诚信营商环境，降低发展成本，降低发展风险，增加全社会福利。

老字号除了悠久的历史、独特的商业文化、历代相传的手艺，更是民族和国家留下的宝贵经济和社会价值。在消费升级的新形势下，品质消费、品牌消费、安全消费，无疑成为新的消费趋势。

因此，探索老字号品牌知识产权保护的信用监管新模式，在我国经济高质量发展和商务诚信体系建设的新时代有着广泛的示范价值。

点评专家

徐德顺

商务部国际贸易经济合作

研究院信用研究所研究员、博士、博士生导师

典型案例 **7**

乡村互助形式和农村食品安全治理思路的创新

——绍兴农村家宴服务中心案例研究及思考

1. 概述

党的十九大报告提出，实施乡村振兴战略，按照"产业兴旺、生态宜居、乡风文明、治理有效、生活富裕"的总要求，建立健全城乡融合发展体制机制和政策体系，统筹推进农村经济建设、政治建设、文化建设、社会建设、生态文明建设和党的建设，加快推进乡村治理体系和治理能力现代化，加快推进农业农村现代化。具体内容包括：一是以产业兴旺为重点，提升农业发展质量，培育乡村发展新动能；二是以生态宜居为关键，推进乡村绿色发展，打造人与自然和谐共生发展新格局；三是以乡风文明为保障，繁荣兴盛农村文化，焕发乡风文明新气象；四是以治理有效为基础，加强农村基层基础工作，构建乡村治理新体系；五是以生活富裕为根本，提高农村民生保障水平，塑造美丽乡村新风貌；六是以摆脱贫困为前提，打好精准脱贫攻坚战，增强贫困群众获得感。

乡村振兴战略是加强农村食品安全保障的动力，农村地区食品安全治理是实现乡村振兴战略的重点工程之一。随着农村经济的发展，农村市场越来越活跃。农村市场是产品质量安全的末端，关系到广大农民群众的身体健康和生命安全，也是最容易出现食品安全问题的薄弱地带，尤其以农村学校食堂、农村集体聚餐、集贸市场、食品加工小作坊等业态为高风险环节。

农村家宴是我国乡村乡情的重点体现，也是中国饮食文化的组成部分。随着新农村建设、美丽乡村建设的深入推进，以及农村居民物质文化生活水平的不断提高，也对农村家宴的组织形态、软硬件标准、监管方式等提出了新的要求。绍兴市结合美丽乡村建设，以农村家宴服务中心建设为抓手，强化农村集体聚餐管理，探索了一条尊重乡土风俗、倡导乡风文明、政府牵头、财政引导、乡村互助的农村家宴服务中心建设路径，破解了农村集体用餐监管难题。

2. 案例背景

2.1 我国农村地区食品安全现状

近年来，在经济社会发展进步的过程中，随着城市消费者维权力量的增强，假冒伪劣商品由城市流向农村；同时，农村地域广、人口多、产业弱，农民自我保护意识差，农村食品安全问题日益突出。

一是农村假冒伪劣食品销售现象屡见不鲜。大量假冒伪劣食品开始由城市流入农村，农村的小商店、小卖部、小超市成了假冒伪劣食品的集散地。这些种类繁多的小食品大多是劣质、过期、"三无"食品，大部分都加入了色素、防腐剂、甜味剂等添加剂。二是农村经营主体的职业素养低。有些经营主体缺乏基本的法律常识，不重视守法经营、诚信经营，无证经营、明知食品不安全仍违法经营的情况较多。三是农村经营场所卫生质量差。农村经营场所普遍卫生质量差，一些小摊点没有固定的经营门店，经营规模小，分布在农村各个角落，带来很大的食品安全风险。四是农村群体性聚餐安全隐患大。在农村群体性聚餐中，厨师和帮厨都是举办方花钱请的农村"土厨师"，这些人员普遍文化程度低、卫生意识差、流动性大、不便于监管等，导致聚餐发生食源性疾病的风险较大。

2.2 我国农村地区食品安全监管的突出问题及成因

农村地区的食品经营和管理具有"三多三少四差"的特点，即食品经营网点多、流动摊点多、农畜产品多，边远地区规范管理的少、证件齐全的少、主动检疫的少，环境卫生差、基础设施差、定点屠宰差、法律意识差。由于监管部门人员有限、检防技术落后等原因，农村食品安全监管难度较大。

农村地区食品监管的突出问题主要在于食品安全监管力量薄弱与监管点多线长、监管任务重的矛盾，其本质是监管资源的调配以及工作结构优化的问题。现阶段，尚未实现资源要素在农村的优化配置，监管力量也未能真正向一线下沉，导致基层监管人员配备不足、经费保障不足、检验监测技术不到位、监管手段落后等突出问题。

2.3 乡村振兴战略对农村地区食品安全治理提出的新要求

乡村振兴战略是农村发展和解决新时代社会主要矛盾的重要抓手，食品安全保障是乡村振兴的重点工程之一。如何处理好乡村振兴战略与食品安全保障的关系，是当前面临的新任务和新课题。食品安全保障工作做得好不好，直接关系到老百姓能否享有幸福感、安全感。现阶段，多数农村地区的食品消费已经从温饱型转入健康型，农民日渐提升的食品安全需求和美好生活需求与目前相对滞后的农村食品安全治理水平之间的矛盾日益凸显，农村食品安全仍然是乡村振兴的主要短板之一。

2018 年 9 月，中共中央、国务院印发的《乡村振兴战略规划(2018—2022 年)》指出，实施食品安全战略，加快完善农产品质量和食品安全标准、监管体系，加快建立农产品质量分级及产地准出、市场准入制度。完善农兽药残留限量标准体系，推进农产品生产投入品使用规范化。建立健全农产品质量安全风险评估、监测预警和应急处置机制。实施动植物保护能力提升工程，实现全国动植物检疫防疫联防联控。完善农产品认证体系和农产品质量安全监管追溯系统，着力提高基层监管能力。落实生产经营者主体责任，强化农产品生产经营者的质量安全意识。建立农资和农产品生产企业信用信息系统，对失信市场主体开展联合惩戒。从规划要求的重点工作可以看出，产业兴旺和治理有效是实施乡村振兴战略的两大抓手，这为食品安全基层治理能力提升提供了新思路。我国农村发展需要不断完善治理，传统的乡村自治与现代化的治理需要找到一种符合中国实际的融合方式。农村在迈入市场经济的过程中，各种问题互相交织，比如食品安全问题、环境污染问题，等等。解决问题就必须在不断实现产业兴旺的基础上，提升乡村治理水平。因此，新时代的农村食品安全保障需要进行从监管向治理的范式转变，做好市场、政府、社会三大治理主体的角色定位，在农村食品安全治理中实现法治、德治和自治。

3. 案例介绍

3.1 农村家宴服务中心的运行模式

3.1.1 农村家宴服务中心的由来

农村集体聚餐作为农村传统习俗，有着深厚的文化渊源和广泛的现实需求，但其客观存在的食品安全隐患，也是乡村食安保障的短板。绍兴市从 2012 年起开始探索农村集体聚餐的管理方法，提升农村集体聚餐的安全保障水平。2015 年以来，绍兴以食品安全"放心镇街"建设、美丽乡村建设、新农村建设等为契机，持续推进农村家宴服务中心标准化建设。2017年,绍兴市政府将农村家宴服务中心标准化建设列入十大民生实事,从"关键小事"着手,着力提升乡村百姓获得感。绍兴各区县积极出台标准化建设补助政策,以"两厨一中心、两规一保险"为重点,全力推进农村家宴服务中心建设"612"工程。

截至2018年,绍兴市2116个行政村已建成农村家宴服务中心1271个,建成率达60%,累计投入建设资金7826万元,县级财政补助奖励达4894万元,惠及人口达274.6万人,成为全省农村家宴服务中心建设推进最深入的地市。2018年春节期间,全市农村家宴中心累计承办各类家宴超过5000桌,深受乡村群众欢迎。

3.1.2 农村家宴服务中心建设的主要内容

2012年,中组部、中宣部、全国老龄办等部门联合下发《关于进一步加强老年文化建设的意见》,提出加强老年文化建设,开辟适宜老年人文化娱乐的活动场所。2013年,原农业部办公厅下发《关于开展"美丽乡村"创建活动的意见》,提出实施农村清洁工程,推动农村书屋、农民书架、文化大院等文体设施建设工作。

随着各地改建扩建老年人活动场所陆续完成,"农村家宴服务中心"的概念应运而生。2013年,绍兴市柯桥区出台了《关于加强农村集体聚餐食品安全监管工作的实施意见》,率先启动农村家宴服务中心标准化建设,继而全市铺开。

绍兴市选择基础条件好的行政村,利用村里的老年人活动场所,改变其中部分布局,按照餐饮服务食品安全规范操作的要求,改造成为带有粗加工、凉菜间、消毒间的农村家宴举办地。这样，既节约了土地等资源，也减少了地方建设农村家宴中心的资金压力，满足了村民"足不出村"即可享受城市品质生活的愿望，更为村民集体聚餐加强了安全保障。

为了强化地方政府责任，绍兴市要求各区县财政每年安排专项资金，对农村家宴中心建设进行专项奖励。由市场监管局及财政局组成验收组，对家宴中心标准化建设进行验收并评定级别，根据 A、B、C 级标准，分别给予 8 万元、5 万元、3 万元的奖励。其中，袍江开发区补助最多，分别为 15 万元、12 万元、10 万元。

标准化厨房、菜品的质量、厨师的执业状况等，是农村家宴食品安全中的重要因素。对此，绍兴市市场监督管理局出台了《农村家宴中心食品安全管理制度》，对厨师持证、操作流程等进行了详细规定，要求农村家宴厨师均要在市场监督管理局备案；菜品实行事先备案制，单餐超过 100 人的大型农村家宴，实行食品留样。场地、资金问题解决之后，绍兴市着手开展农村家宴厨师免费培训、免费体检，并对取得中高级厨师证书的农村家宴厨师给予补助。

2017 年，绍兴市以嵊州市为试点，出台了全省首个《农村家宴保险方案》，通过镇街买单、村居自保等方式，对家宴中心进行食品安全责任投保。

据统计，2017 年，绍兴市累计投入建设资金 7826 万元，县级财政补助奖励达 4894 万元，2116 个行政村已建成农村家宴服务中心 1271 个，建成率达 60%，成为全省农村家宴服务中心覆盖最广、推进最深入的地市。

2018 年，绍兴市完善了《农村家宴服务中心建设及风险防控工作意见》，整合资源改造提升农村家宴放心厨房 350 家，新建农村家宴服务中心 100 家以上，强化"土厨帅"培训管理，规范集体聚餐登记指导。

在农村家宴服务中心建设的实践中，绍兴市在以下三个方面加强保障力度。

第一，加强财政保障。绍兴市政府出台了浙江省首个加强农村集体聚餐食品安全监管工作的地方性实施意见，明确了建设目标、标准以及奖补办法，每年安排 300 万元用于农村家宴服务中心建设专项补助。截至 2018 年，绍兴市共投入 1532 万元用于农村家宴服务中心建设。

第二，加强监督指导。按照属地原则，绍兴市各区县均确定了乡镇政府（街道办事处）属地负责制，由基层食安办牵头实施农村家宴服务中心标准化建设工作。基层市场监管所为家宴服务中心建设提供落实事先、事中、事后全程指导：建设前，为家宴服务中心标准化厨房的功能布局提供指导；建设中，重点针对操作流程、设施配备等进行现场指导；建成后，会同镇街食安办进行标准化建设达标验收工作。仅 2017 年，全市市场监管系统就累计出动工作人员 1701 人次，加强对农村家宴服务中建设的监督指导。

第三，加强责任考核。各区县将农村家宴服务中心标准化建设列入镇街岗位责任制考核内容，区、县（市）政府、开发区管委会与各镇街、镇街与所辖村均签订食品安全长效管理目标责任书，将农村集体聚餐管理工作纳入责任书内容。对标准化家宴服务中心创建比率、农村家宴厨师健康体检率、分级指导率等重点指标进行考核。对承担着农村集体聚餐报告备案工作的村级食品安全信息员、协管员，人均每月发放 1000—2000 元的工作补助。

3.1.3 农村家宴服务中心建设的实施阶段与举措

在农村家宴服务中心标准化建设完成以后，随即面临家宴服务中心服务与运行管理的具体问题。绍兴市分别在关键主体、关键环节、关键制度、关键保障上下了功夫，有效发挥家宴服务中心在农村食品安全保障体系中的作用。

第一，抓乡村厨师关键主体。建立乡村厨师培训上岗制度，加强档案管理，全市共登记家宴厨师 2510 名。对厨师实行免费健康检查和食品安全法律法规知识培训，实现农村家宴厨师的食品安全知识和操作技能培训及健康体检的常态化。2017 年，全市共开展农村家宴厨师专题培训 192 场次，累计培训 3575 人次，培训覆盖率达 100%。绍兴嵊州市市场监管部门联合人力资源和社会保障部门，通过举办农村家宴厨师职业技能培训班，提高农村家宴厨师的食品安全意识和操作技能，经考核合格的厨师统一发职业技能证书，并对取得中、高级厨师证书的农村家宴厨师给予补助。

第二，抓备案登记关键环节。要求全市凡举办十桌以上宴席或者 100 人以上集体聚餐的，由举办方先向村食品安全协管员报告，进行备案登记；根据聚餐规模，由市场监管所、镇街食安办、村居食安站实行分类指导。重点对乡村厨师健康证、卫生知识培训合格证等持有情况，环境设施、食品原辅料、食品加工过程等是否符合要求，提出农村集体聚餐检查指导意见，及时发现和排除安全隐患，保障人民群众的饮食安全。2017 年，全市农村集体聚餐登记共 16.8 万桌，开展现场分级指导 1.2 万次，全市未发生农村集体聚餐重大食品安全事故。

第三，抓长效管理关键制度。2017 年，绍兴出台了《绍兴市农村家宴服务中心食品安全风险防控管理办法》，对家宴服务中心建设、农村土厨师管理、食品安全风险防控、备案指导、责任保险等方面进行建章立制，规范管理。各地也先后出台了《关于加强农村集体聚餐食品安全监管工作的实施意见》《农村家宴服务中心食品安全管理制度》《食品安全管理制度》《农村家宴服务中心量化分级评分规范》《标准化农村家宴服务中心登记评定标准》等一系列规范，使农村家宴食品安全管理得到制度化实施，进一步落实农村家宴食品安全长效管理。

第四，抓实群众食品安全"保障线"。以推进农村集体聚餐规范化管理为主阵地，坚持政府推动与市场运作相结合的原则，嵊州、柯桥等地先后试点开展农村集体聚餐食品安全责任保险试点工作。绍兴嵊州采取"因地制宜、积极筹备、先行先试、分步铺开"的方法，按照政府购买公共服务、以奖代补、相关单位自筹和慈善捐款等多种出资方式，出台了全省首个《农村家宴保险方案》，在全省率先探索开展农村集体聚餐食品安全责任保险试点，取得了显著成效。2017 年底，绍兴嵊州所有乡镇（街道）均开展了食安险试点工作，累计投入 34.2 万元，覆盖面实现 100%。

3.2 创新性

3.2.1 党建引领乡风文明

在促进农村食品安全治理的过程中，绍兴市充分发挥了农村基层党组织的带头作用。基层党组织在推进乡村治理的过程中，起到了与上级党委政府与村民的连接作用，促进了工作的开展。部分"村两委"以建成农村家宴服务中心作为在任期内对村民的承诺。另外，农村家宴服务中心建成以后，在跟进食品安全宣传工作、村风民约建设工作等后续工作中，党建的跟进也是一大亮点。通过党建工作与党员队伍的示范作用，加之农村家宴服务中心这个平台，促进了乡风文明，农村宴请习惯、餐桌礼仪等都有了较大改善。可以说，基层事业的推进与基层党建的推进相辅相成。

3.2.2 乡村互助参与形式

绍兴把农村家宴服务中心建设作为保障农村食品安全的工作核心，实施"县级推动、镇街实施、多方建设"，以食品安全"放心镇街"建设、美丽乡村创建、新农村建设及国家卫生镇创建等工作为契机，借势借力，合力推进。一是"面"上统一规划。利用城中村改造工程，在新建安置小区内统一规划标准化家宴服务中心建设，成为优化社区公共服务设置规划和业态配置的新亮点。二是"线"上联合建设。结合文化礼堂、居家养老中心建设等，重点开展标准化厨房建设，实行家宴服务中心联合建设。三是"点"上添砖加瓦。在政府主导推进的同时，大力鼓励社会资金参与建设，以热心企业家公益出资、村民联合出资等方式，开展高标准家宴服务中心建设。

3.2.3 农村家宴服务中心食品安全责任险的创新模式

通过购买农村集体聚餐食品安全责任保险，以共保体的形式加强食品安全监管、完善食品安全保障制度和维护社会稳定，这是一项一举多得的重要创新举措。

在预防和减少食品安全事件、促进经济社会稳定发展方面，发挥保险在防灾减损方面的专业优势和积极性，可以提升食品安全责任意识、风险管理、技术防范水平，有效预防和减少食品安全事件的发生，提高农村地区群众的食品安全意识。

在整合社会管理和社会服务资源方面，推广农村集体聚餐食品安全责任保险，可以有效协调各种社会关系，创新食品安全管理机制，节约政府行政资源，提高食品安全管理效率，形成政府引导、社会协同、公众参与的食品安全管理新格局。

在从源头预防和减少矛盾纠纷、维护社会大局稳定方面，通

典型案例⑦

203

过农村集体聚餐食品安全责任保险，可以为发生的食品安全事件损失提供经济补偿、完善社会救助体系、避免矛盾激化、化解社会纠纷。农村集体聚餐食品安全责任保险方案，详见下表。

农村集体聚餐食品安全责任保险方案

中心村户数（S）	年营业额测算	保险费	保险金额	累计赔偿限额	误工费（元/天）	护理费（元/天）
S≤200	25万元	1000元	每次事故赔偿限额10万元，每人每次事故赔偿限额2万元，其中医疗费用赔偿限额5000元	20万元	100	100
200 < S≤300	35万元	2000元		30万元	100	100
S>300	50万元	3000元		50万元	100	100

4. 成效评价

4.1 乡村（社区）层面

4.1.1 符合乡土风俗，增进邻里感情

农村家宴服务中心满足了村民传统宴请习俗。一方面，举村同庆式的聚会宴请、红白喜事需要一个较大的场地；另一方面，有的农村诸如婚丧嫁娶等重大宴请不只吃一席，而是习惯要吃两到三天。相比于城市里的酒店，在村内的农村家宴服务中心进行聚会更加符合村民的宴请风俗。此外，农村家宴服务中心也为增进邻里关系提供了场所。大事小情都可以在家宴服务中心办理。

实际上，包括接近城市的村子，村里各类宴席百分之百在自己村里办，深得群众喜爱和支持。

4.1.2 方便群众生活，引导文明聚餐

在传统的农村宴席中，单个村民都需要向其他村民借房子，通常需要联合儿家场地、碗筷、桌椅才能举小聚餐活动。在聚餐结束后，还需要进行卫生清理、桌椅搬运等，流程比较复杂冗长。而作为村共有财产的农村家宴服务中心就解决了村民群众的困扰，同时改变了以前农村集体聚餐这种分散流动的状况，而且在进一步改造高规格厨房的同时，提高了烹饪品质，为满足人民群众的食品品质与健康需要奠定了物质基础。

4.2 政府层面

4.2.1 优化资源配置，提升食安标准

将过去传统的、流动式的宴席模式变为集约式、中心化模式，家宴服务中心好比农村的中央厨房，一方面便于政府监管力量集中和有效配置，另一方面政府以农村家宴服务中心为食品安全宣传、管理与服务的阵地，使政策法规得以在农村地区进一步落地，食品安全理念也有了落地生根的土壤，一些具体的食品安全标准也有了实现和提高的可能性，农村食品安全治理工作整体有了质的提高。

4.2.2 转变政府职能，共建民心工程

在家宴服务中心落地到运营的过程中，也并非政府大包大揽。政府在其中起到了立标领航和牵线搭桥的作用，结合多方力量创

造性地完成了农村食品安全治理的任务。在家宴服务中心建设过程中，坚持"中心村优先，积极性高的优先，基础条件好的优先"的建设原则，突出村民群体的主体作用，充分发挥村民的主观能动性，让村民群体看到实惠；在食品安全责任保险投保过程中，创造性地利用保险公司，对家宴服务中心的食品安全流程进行监督、保障与兜底，较好地转变了政府角色，创造性地发挥了多方力量的自身优势。

4.3 社会层面

4.3.1 推广示范效应，引领美丽乡村

农村家宴服务中心作为乡村振兴战略中的创新举措，有着良好的社会示范效应。有利于各地在学习先进经验的基础上，因地制宜地推进农村食品安全工作。同时，为基层治理提供了多主体互助形式模式的借鉴，充分发挥了人民群众的主观能动性，激发了群众的主人翁意识，最大限度地调动了多个社会力量，形成了良好的共管、共治、共享、共赢的治理局面。

4.3.2 普及食品安全，凝聚群众共识

家宴服务中心提高了农村居民对食品安全的知晓率，潜移默化地加强了食品安全知识的普及，村民健康饮食、合理消费等观念都有了较大提升。食品安全理念在基层获得认同，得到广大农村群众的认可，成为人民群众的共识，逐渐压缩了假冒伪劣商品、"三无"商品在农村市场流通的空间，为农村食品安全状况整体持续向好发展做出了贡献。

5. 经验及启示 ✐

5.1 可借鉴的经验：坚持党建引领，促进乡村善治

2017年12月29日，中央农村工作会议指出，"创新乡村治理体系，走乡村善治之路。建立健全党委领导、政府负责、社会协同、公众参与、法治保障的现代乡村社会治理体制，健全自治、法治、德治相结合的乡村治理体系"。促进乡村善治，重在党建引领。中央农村工作会议明确指出要由党委领导乡村治理。党委的领导作用主要体现在党的建设的引领作用上。

第一，党建引领重在思想正确。在促进乡村善治的过程中，必须始终坚持党的领导，坚持中国特色社会主义道路，坚持以习近平新时代中国特色社会主义思想为指引，以高度的政治自觉和理论自觉统筹推进乡村治理。做到上下同心，左右联动，共同下好"乡村振兴战略"这盘棋，统筹推进中国特色社会主义新农村的建设大局，真正把农村食品安全治理融入乡村振兴和基层治理现代化进程中。

第二，党建引领重在队伍过硬。党建工作之所以能开拓乡村治理新局面，是因为有一批思想先进、行动先进的党员先锋模范在以强大的感召力，带动群众推进共同建设美丽乡村的事业。党建工作的关键在于人，党建引领的关键在于党员引领。因此，有一批勇于担当、思路开放的党员骨干，对乡村食品安全治理工作

有着巨大的推进作用。

第三，党建引领重在执政为民。农村家宴服务中心建设是重要的民生实事工程，绍兴市坚持把人民群众对美好生活的向往作为奋斗目标，将办好民生"关键小事"作为抓好农村基层党建工作成效的具体举措，不断增强人民群众的获得感、幸福感、安全感。家宴服务中心作为服务广大农民的公益性项目，建成村的党支部较好地发挥了民主监督、规范运作、改善民生、促进和谐的作用。

5.2 对提升农村食品安全治理水平的启示

第一，构建联动监管网络，探索多元共管模式。以创建国家食品安全示范城市为抓手，建立责任共担、要事共商、资源共享的县镇村三级食品安全监管网络，依托村组消费维权投诉站、农村食品安全协管员、信息员等群众队伍，探索一条"职能部门＋镇村联动"的多元共管模式，实现食品安全监管"全覆盖、无死角"目标。

第二，进一步以农村家宴中心为突破口，严防风险隐患环节。小作坊、小餐饮、小摊点一直是农村食品安全监管的难点，而卫生设施条件差又是"三小"的最大短板。因此，政府应制定引导和鼓励措施，加快硬件设施改造，改善生产经营环境，多角度、多举措改变"三小"脏乱差状况。同时，将城乡接合部、旅游景区、农贸市场、聚餐点、农家宴、学校食堂等列入重点监管范围，及时发现消除食品安全隐患，严防食物中毒事件发生。推行"互联网＋明厨亮灶"工程，加强餐饮单位后端跟踪监管。可将"互联网＋明厨亮灶"延伸到农村中小学校、幼儿机构食堂和餐饮单位，在乡镇固定聚餐场所安装摄像头，利用移动执法终端适时查看食品安全情况，着力打造"智慧监管"新模式，确保群众"舌尖上的安全"。

第三，建立长效机制，强化宣教和社会共治。结合《食品安全法》的宣传普及，将食品安全知识宣传教育纳入乡村振兴战略项目，利用村镇集场、农村家宴服务中心、庙会及宣传栏、横幅、安全讲座等，宣传食品安全相关知识，发放食品餐饮手册、提高食品生产经营者内生动力和质量安全意识。同时，积极实施农村食品安全信用体系建设，构建守信激励、失信惩戒机制，推动行业规范自律和诚信体系建设，发挥食品安全信用体系对乡村振兴战略的保障作用。

6. 有待探讨或需进一步完善的问题 ✎

第一，政府补贴资金短缺，村民集资建设的资金对应的权益分配尚不明朗。农村家宴服务中心建设资金的使用情况大相径庭，有的用于基本改建，有的用于彻底翻修，花费从50万到200万不等。政府分级补贴的3万、5万、8万基本可以满足厨房设施的配套。集体经济相对薄弱的村，为了达到家宴服务中心建设的基本要求，一方面通过一事一议的补助方式提高政府补助的投入支持；另一方面则通过村民自愿集资。由于村民办宴席方便，加之管理相较于传统宴请方式更为规范，村民有较大的热情集资修建农村家宴服务中心。但是，由于农村家宴服务中心的公益性质，并不能对集资的村民进行直接收益性的回馈，主要是通过非收益性的方式对村民进行回馈。农村家宴服务中心作为集体经济和集体财产，如何进一步明确权益分配，让各家各户得到情感、荣誉、使用权等方面的具体收益，值得进一步探讨。

第二，政府指导性要求与强制性监管的协调问题，指导性标准底线性和灵活性的平衡问题。由于各村都是基于各村的基本条件进行建设，各村的标准完成程度各不相同，而对相应水平的维持程度与能力也各不相同。一方面，政府全面监管有人力物力上的困难，农村家宴监管若纳入法律法规进行管理，对一线监管人员会造成极大的工作负担；另一方面，由于各村都是基于各村的基本条件进行建设，对底子薄弱的村也没有合理的制度进一步给予惩罚或补贴。而在指导建设的过程中，又有指导性标准底线性和灵活性界限的争论，例如灶具的指导性要求在符合了高质量的食品安全需求的同时，厨师习惯和具体宴请标准可能会存在与之不匹配不协调等情况，需要进一步去研究和处理。

第三，各等级家宴中心以及城乡具有宴请功能场所的合理布局问题。一方面农村内部不同等级家宴中心需要考虑布局合理的问题，另一方面需要考虑在城镇化的过程中，针对已经实现城市化的村、城中村、城郊村，如何处理其家宴服务中心的存续与调整问题。

7. 总结

通过对绍兴市农村家宴服务中心建设工程的全面梳理与分析，课题组认为，在治理目标上，作为农村食品安全监管的突出问题得到有效缓解，基本目标完成。此外，农村家宴服务中心并不单纯地只为食品安全目标服务，而是以家宴服务中心为载体，服务了美丽乡村建设、乡风文明建设、民生服务建设等目标，达到了"一平台，多成果"的综合治理效果；在治理主体上，突出强调了党建领航的作用，结合政府监管、村民主体、企业参与，聚合了各方力量，突出发挥了相关主体的优势，达到了村民互助、多方联动，切实形成了党委领导、政府负责、社会协同、公众参与、法治保障的现代乡村社会治理体制。

在尊重农村乡土风俗的基础上，进一步规范农村食品安全，不仅是满足人民群众对美好生活需要的必然要求，也是乡村振兴战略的基石，更是政府治理能力和治理体系现代化的表现之一。绍兴农村家宴服务中心的创建，为规范农村食品安全提供了可以借鉴的范本。以党建引领建设、以乡村互助为基本形式、多方共建的农村家宴中心，符合乡土风俗，方便了群众生活，优化了办宴流程，为人民群众办了实事，是民心工程。同时，辅之以农村家宴服务中心食品安全责任保险的模式创新，保障了农村食品安全，防范了食品安全风险，进一步推动了乡村治理现代化。

专 家 评 价

　　乡村食品安全保障工作关乎党中央提出的乡村振兴战略的实施，直接影响到广大村民小康梦、幸福梦的实现。绍兴农村家宴服务中心的成功案例，彰显了进入新时代以来农村基层治理的丰富探索，这一实践告诉我们：加强党的建设是推动乡村食品安全保障工作向好发展和乡村治理现代化的根本路径。

　　乡村善治需要党建引领。回望这一探索过程，农村基层党组织在建设安全的聚餐环境、强化使用管理的规范建设、规范餐饮管理的模式，以及倡导社会主义核心价值观和促进乡风文明等方面，充分发挥了引领作用。

　　2018 年 11 月，中共中央印发《中国共产党支部工作条例（试行）》指出，党支部是党的基础组织，是党在社会基层组织中的战斗堡垒，是党的全部工作和战斗力的基础，担负直接教育党员、管理党员、监督党员和组织群众、宣传群众、凝聚群众、服务群众的职责。这里值得关注的是，贯彻党章要求，既弘扬"支部建在连上"的光荣传统，又体现基层创造的新做法新经验，对党支部工作做出全面规范，是新时代党支部建设的基本遵循。

　　当下，我们要加强党的组织体系建设，全面提升党支部组织力，强化党支部政治功能，特别是要增强党员干部推动中心工作、为民办事服务、提升治理水平等职责任务的能力，这对下好乡村振兴战略这盘大棋，推动实现"两个一百年"目标和中华民族伟大复兴的中国梦，将产生积极影响。

┃点评专家

翁淮南

中宣部《党建》杂志社二编室主任、博士

附件一：
相关法律、制度、政策文件

一、国家层面法律政策

[1] 中华人民共和国食品安全法.

[2] 关于开展食品安全城市创建试点工作的通知（食安办函〔2014〕20号）.

[3] 关于扩大食品安全城市创建工作试点范围的通知（食安办函〔2015〕33号）.

[4] 关于开展第三批国家食品安全城市创建试点工作的通知（食安办函〔2016〕23号）.

[5] 国务院食品安全办关于印发《国家食品安全示范城市标准（修订版）》的通知（食安办〔2017〕39号）.

二、地方政府责任

[1] 关于印发《政府工作报告重点工作责任分解和2017年度十方面民生实事工作任务分解》的通知（绍政办发〔2017〕22号）.

[2] 关于印发《市政府2018年政府工作责任分工》的通知（绍政办发〔2018〕8号）.

[3] 中共绍兴市委办公室、绍兴市人民政府办公室《关于落实食品安全党政同责一岗双责的意见》的通知（绍市委办发〔2017〕74号）.

[4] 绍兴市人民政府办公室2017年12月印发的《关于将食品安全工作纳入地方党委政府政绩考核内容》的情况说明.

[5] 关于做好国家食品安全城市创建中期评估迎检工作的通知（虞市监〔2018〕47号）.

[6] 浙江省财政厅、浙江省食品药品监督管理局《关于下达2017年食品药品安全监管专项资金（第二批）》的通知（浙财社〔2017〕24号）.

[7] 浙江省财政厅、浙江省食品药品监督管理局《关于提前下达2018年公共卫生服务补助资金》的通知（浙财社〔2017〕106号）.

[8] 浙江省财政厅、浙江省食品药品监督管理局《关于提前下达2018年食品药品安全监管专项资金》的通知（浙财社〔2017〕70号）.

[9] 浙江省财政厅、浙江省食品药品监督管理局《关于下达2018年食品药品安全监管专项资金（第二批）》的通知（浙财社〔2018〕19号）.

[10] 浙江省食品药品监督管理局《关于做好提前下达2018年食品药品安全监管专项资金使用管理》的通知（浙食药监财〔2017〕14号）.

[11] 绍兴市人民政府办公室关于印发《绍兴市创建国家食品安全城市及浙江省食品安全市、县（市、区）工作方案》的通知（绍政办发〔2016〕34号）.

[12] 绍兴市越城区人民政府办公室关于印发《越城区创建浙江省食品安全区工作方案》的通知（越政办发〔2016〕78号）.

[13] 绍兴市柯桥区人民政府办公室关于印发《柯桥区创建浙江省食品安全县（市、区）工作方案》的通知（绍柯政办发〔2016〕60号）.

[14] 绍兴市上虞人民政府办公室关于印发《上虞区创建浙江省食品安全县（市、区）工作方案》的通知（虞政办发〔2016〕144号）.

[15] 诸暨市人民政府办公室关于印发《诸暨市创建国家食品安全城市和浙江省食品安全市工作方案》的通知（诸政办发〔2016〕91号）.

[16] 嵊州市人民政府办公室关于印发《嵊州市创建浙江省食品安全县市工作方案》的通知（嵊政办〔2016〕100号）.

[17] 新昌县人民政府办公室关于印发《新昌县创建浙江省食品安全县工作方案》的通知（新政办发〔2016〕99号）.

[18] 关于做好2017年度工商事业专项补助经费（中央转移支付）使用管理的通知（浙工商财〔2016〕16号）.

[19] 绍兴市机构编制委员会《关于同意市公安局内设机构治安支队增挂牌子等事宜的批复》（绍市编〔2014〕74号）.

[20] 新昌县机构编制委员会《关于同意县公安局增设食品药品环境犯罪侦查大队的批复》（新编委〔2015〕13号）.

[21] 关于印发《绍兴市市场监督管理局、绍兴市公安局联动执法协作机制实施意见》的通知（绍市监管〔2018〕44号）.

[22] 绍兴市食品安全委员会关于印发《绍兴市食品安全委员

会组成人员、工作机制和成员单位工作职责》的通知（绍食安委〔2017〕4号）．

[23] 关于印发《绍兴市关于查处食品领域违法犯罪案件的行政执法与刑事司法衔接工作暂行办法》的通知（绍食安委办〔2013〕27号）．

[24] 关于印发《诸暨市关于查处食品领域违法犯罪案件的行政执法与刑事司法衔接工作暂行办法》的通知（诸食安委办〔2014〕2号）．

[25] 绍兴市市场监督管理局关于印发《绍兴市重点地产食品风险隐患治理行动2017年实施方案》的通知（绍市监管食生〔2017〕13号）．

[26] 绍兴市市场监督管理局《关于做好2018年度重要节假日及学校餐饮食品安全监督检查》的通知（绍市监管餐〔2018〕4号）．

[27] 新昌县食品安全委员会办公室关于转发《绍兴市关于查处食品领域违法犯罪案件的执法与刑事司法衔接工作暂行办法》的通知（新食安委办〔2013〕25号）．

[28] 关于要求成立新昌县公安局食品药品环境犯罪侦查大队的请示（新公发〔2014〕36号）．

[29] 关于成立新昌县公安局食品药品环境犯罪侦查大队的通知（新公发〔2015〕10号）．

[30] 新昌县机构编制委员会《关于同意县公安局增设食品药品环境犯罪侦查大队的批复》（新编委〔2015〕13号）．

[31] 新昌县食品安全委员会关于印发《新昌县"平安护航十九大"百日食安系列行动方案》的通知（新食安委〔2017〕3号）．

[32] 绍兴市越城区人民政府办公室《关于开展"六小行业"专项整治"雷霆 2 号行动"的通知》（越政办传〔2017〕144 号）.

[33] 绍兴市市场监督管理局关于印发《食品保健食品欺诈和虚假宣传整治的实施方案》的通知（绍市监管〔2017〕105 号）.

[34] 绍兴市商务局《关于开展第四批绍兴老字号认定工作的通知》（绍商务发〔2016〕2 号）.

[35] 绍兴市商务局《关于认定第四批绍兴老字号的通知》（绍商务发〔2016〕30 号）.

[36] 绍兴市商务局《关于开展第五批绍兴老字号认定工作的通知》（绍商务发〔2017〕9 号）.

[37] 绍兴市商务局《关于认定第五批绍兴老字号的通知》（绍商务发〔2017〕52 号）.

[38] 绍兴市商务局《关于参加 2017 中国食品博览会的通知》（绍商务发〔2017〕12 号）.

[39] 绍兴市商务局《关于组织参加 2017 年绍兴市首届老字号博览会的通知》（绍商务发〔2017〕14 号）.

[40] 绍兴市老字号企业协会关于《绍兴市老字号保护立法的调研报告》（绍老协〔2017〕4 号）.

[41] 关于落实食品安全党政同责一岗双责的意见的通知（绍市委办发〔2017〕74 号）.

[42] 关于印发《绍兴市食品安全委员会组成人员、工作机制和成员单位工作职责》的通知（绍食安委〔2017〕4 号）.

[43] 浙江省人民政府关于印发《浙江省盐业体制改革实施方案》的通知（浙政发〔2016〕49 号）.

[44] 上虞区《关于落实食品安全党政同责一岗双责的意见》（区委办〔2017〕147号）.

[45] 关于印发《上虞区食品安全委员会工作规则（试行）》的通知（虞政办发〔2014〕230号）.

三、部门监管责任

[1] 绍兴市人民政府办公室关于印发《加强食品药品安全基层责任网络建设意见》的通知（绍政办发〔2014〕85号）.

[2] 绍兴市食品安全委员会办公室《关于2016年乡镇（街道）食品（药品）安全委员会办公室规范化建设验收情况的通报》（绍食安委办〔2017〕2号）.

[3] 关于开展2017年度乡镇（街道）食品（药品）安全委员会办公室规范化建设中期督查的通知（绍食安委办〔2017〕17号）.

[4] 关于开展2017年度乡镇（街道）食品（药品）安全委员会办公室规范化建设验收工作的通知（绍食安委办〔2017〕24号）

[5] 绍兴市食品安全委员会办公室《关于2017年乡镇（街道）食品（药品）安全委员会办公室规范化建设验收情况的通报》（绍食安委办〔2017〕28号）.

[6] 关于《浙江省食品生产企业风险分级监管办法（试行）》的通知（浙食药监规〔2017〕17号.

[7] 关于做好2017年餐饮服务食品安全监督量化分级管理年度等级评定工作的通知（绍市监管餐〔2017〕20号）.

[8] 关于开展"放心肉菜示范超市"创建活动的通知（绍食安委办〔2017〕20号）.

[9] 关于开展"放心肉菜示范超市"创建活动考核评价的通知（浙食药监函〔2017〕210号）.

[10] 关于印发《绍兴市食品摊贩整治规范工作方案》的通知（绍食安委办〔2016〕11号）.

四、企业主体责任

[1] 关于印发《食品（保健食品）生产经营主体责任清单》的通知（绍市监管〔2018〕31号）.

[2] 关于印发《餐饮具集中消毒服务单位主体责任清单》的通知（绍卫计发〔2018〕32号）.

[3] 关于印发《2017年绍兴食品安全监测检测工作意见》的通知（绍食安办〔2017〕3号）.

[4] 2017年绍兴市越城区食品安全监督抽检工作实施方案（越食安委办〔2017〕4号）.

[5] 关于印发2017年柯桥区食品安全监督抽检工作实施方案的通知（柯食安委办〔2017〕5号）.

[6] 2017年绍兴市上虞区食品安全监督抽检工作实施方案（虞食安委办〔2017〕2号）.

[7] 诸暨市食品安全委员会办公室关于印发诸暨市食品安全监测检测工作意见的通知》（诸食安委办〔2017〕6号）.

[8] 2017年绍兴市嵊州市食品安全监测检测工作意见的通知（嵊食安委办〔2017〕6号）.

[9] 2017年绍兴市新昌县食品安全监督抽检工作实施方案（新

食安委办〔2017〕5号）.

[10] 关于印发《2018年绍兴食品安全监测检测工作意见》的通知（绍食安办〔2018〕4号）.

[11] 2018年绍兴市越城区食品安全监督抽检工作实施方案（越食安委办〔2018〕3号）.

[12] 关于印发2018年柯桥区食品安全监督抽检工作实施方案的通知（柯食安委办〔2018〕7号）.

[13] 2018年绍兴市上虞区食品安全监督抽检工作实施方案（虞食安委办〔2018〕3号）.

[14] 诸暨市食品安全委员会办公室关于印发2018年诸暨市食品安全监测检测工作意见的通知》（诸食安办〔2018〕2号）.

[15] 2018年绍兴市嵊州市食品安全监测检测工作意见的通知（嵊食安委办〔2018〕1号）.

[16] 2018年绍兴市新昌县食品安全监督抽检工作实施方案（新食安委办〔2018〕6号）.

五、社会共治

[1] 绍兴市人民政府办公室关于印发《绍兴市食品安全三年行动计划（2018—2020）》的通知（绍政办发〔2018〕2号）.

[2] 绍兴市食品安全委员会办公室、中国人民银行绍兴市中心支行关于印发《绍兴市食品安全金融征信体系建设试点工作实施方案》的通知（绍食安委办（2016）22号）.

[3] 绍兴市发展和改革委员会关于印发《绍兴市粮食企业经

营活动守法诚信评价工作方案》的通知（绍市发改粮〔2017〕20号）.

[4] 关于印发《绍兴市食品领域违法行为举报奖励办法》的通知（绍市财社〔2011〕9号）.

[5] 关于建设统一政务咨询投诉举报平台的指导意见（浙政办发〔2015〕127号）.

[6] 关于建设统一政务咨询投诉举报平台的实施意见（绍政办发〔2016〕16号）.

[7] 关于印发《绍兴市创建国家食品安全示范城市及浙江省食品安全市县宣传工作方案》的通知（绍食创建办〔2016〕3号）.

[8] 中共绍兴市委宣传部、绍兴市食品安全委员会办公室关于印发《迎接国家食品安全示范城市中期评估宣传方案》的通知（绍食安委办〔2018〕5号）.

[9] 关于全市食品药品安全科普宣传站建设情况的通报（绍市监管〔2016〕3号）.

[10] 绍兴市市场监督管理局、绍兴市科学技术协会《关于开展"四品一械 安全为先"百城万村食品药品安全科普宣传活动的通知》（绍市监管〔2017〕34号）.

[11] 《关于开展食品（药品）安全科普宣传站的通知》（越食安委办〔2017〕21号）.

[12] 关于加强食品药品安全科普宣传站（栏）建设工作的通知（柯食安委办〔2018〕3号）.

[13] 关于建立上虞区食品药品安全科普宣传站的通知（虞市监〔2015〕138号）.

[14] 关于公布2017年诸暨市食品药品科普宣传站名单的通

知（诸食安委办〔2017〕26号）.

[15] 关于建立2017年"食品药品安全科普宣传站"的通知（嵊市监管〔2017〕149号）.

[16] 关于建立2017年"食品药品安全科普宣传站"的通知（新市监字〔2017〕158号）.

[17] 绍兴市市场监督管理局袍江分局《关于建立"食品药品安全科普宣传站"的通知》（绍市监管袍〔2017〕11号）.

[18] 关于建立2017年"食品药品安全科普宣传站"的通知（绍滨市监〔2017〕2号）.

[19] 绍兴市创建国家食品安全城市工作领导小组办公室关于印发《绍兴市国家食品安全示范城市创建中期评估迎检工作方案》的通知（绍食创建办〔2018〕1号）.

[20] 绍兴市人民政府办公室《关于加强食品安全社会共治的实施意见》（绍政办发〔2016〕105号）.

附件二：

绍兴市食品生产经营企业社会责任调研问卷

尊敬的企业领导人：

您好！

食品安全对企业而言，是基本的法律责任，对社会而言，是食品生产经营企业的首要社会责任。因此，落实企业食品安全主体责任，既是企业履行《中华人民共和国食品安全法》中法定义务的重要体现，也是企业完善合规管理体系、建设诚信企业的重要社会责任实践。

企业社会责任指的是，企业要重视伦理（品德）、股东权益、员工权益、供应商管理、消费者权益、环境保护、社区参与、财务绩效、信息披露及对利益相关者的责任等。

为促进国内企业与国际接轨，实现可持续发展，东方君和管理顾问有限公司开展以企业社会责任为指标的"食品安全治理责任"调研。同时，通过分析问卷内容，以期发掘出业内的卓越品德企业及优秀责任管理绩效企业，分析结果用于绍兴市食品安全治理责任课题研究报告。

本次调研结果仅用于研究分析，我们对贵企业的填答内容及背景资料均将进行隐名处理，不提供其他机构使用。

北京东方君和管理顾问有限公司

2018 年 7 月

（问卷填写须知：请根据企业实际情况，在括号内填写选项）

1. 您的企业名称＿＿＿＿＿＿＿＿＿＿＿＿＿＿＿＿＿＿＿＿＿＿＿

2. 您的职位（　　　）

    A. 员工　　B. 中层管理人员　　C. 高级管理人员　　D. 董事会成员

3. 您所在企业的性质是（　　　）

A. 国有企业　B. 私营企业　C. 外资企业　D. 混合所有制企业

4. 您所在企业的资产规模（　　　）

A. 大型企业　B. 中型企业　C. 小型企业

5. 您认为企业应当履行的社会责任包括哪些（多选题）（　　　）

A. 经济责任　B. 法律责任　C. 道德责任　D. 环境责任　E. 慈善责任　F. 其他

6. 您的企业是否制定了企业社会责任战略（　　　）

A. 制定了　B. 没有　C. 正在建立

7. 您的企业是否设置有社会责任管理的专门机构（　　　）

A. 没有设置　B. 有机构但不是单独设置　C. 单独设置

8. 您的企业是否制定了社会责任管理制度并按程序执行（　　　）

A. 没有做到　B. 部分做到　C. 完全做到

9. 您的企业是否定期发布企业社会责任报告书，公布企业履行社会责任的情况（　　　）

A. 没有　B. 有　C. 正在制定

10. 您的企业是否制定了完整规范的食品安全管理制度，对职工进行食品安全知识培训（　　　）

A. 有　B. 没有　C. 正在建立

11. 您的企业是否建立了食品安全追溯体系，保证食品可追溯（　　　）

A. 有　B. 没有　C. 正在建立

12. 您的企业是否建立完善严谨的食品安全事故应急机制（　　　）

A. 建立了　B. 没有建立　C. 正在建立

13. 您企业是否定期审查供应商的社会责任承诺和遵守情况（　　　）

A. 有　B. 没有

后　记

　　《食品安全科学监管与多元共治创新案例》如期与读者见面了。这是关于国内食品安全监管与治理新发展的第一本案例研究报告，也是我们这个从事食品安全软科学研究与管理咨询工作的民间智库团队的第一部食品安全专著。

　　两个"第一"对于我们、对于业界都意味深长。

　　本书脱胎于北京东方君和管理顾问有限公司与绍兴市市场监督管理局联合实施的2018年度课题研究项目，即"食品安全科学监管与多元共治模式创新——绍兴创建国家食品安全示范城市典型案例"。这一课题的时代背景是"推进国家治理体系和治理能力现代化"的深刻变革，在此总目标之下，地方政府落实食品安全属地管理责任和提升食品安全治理水平便是课题研究中的应有之义。入选本书的七个案例也都围绕食品安全监管与社会共治的科学化、制度化和法治化"三化"发展趋势进行深入剖析，这是治理现代化的本质与核心。

　　在食品安全科学监管与社会共治、地方政府食品安全治理现代化的实现路径方面，本书出版的一个重要实践背景就是国家食品安全示范城市创建活动。自 2014 年以来，北京东方君和管理顾问有限公司受国务院食安办委托，全程参与国家食品安全示范城市评价指标体系设计，对创建试点城市开展第三方绩效评估。我们对 67 个试点城市的创建数据和典型案例进行了持续跟踪、系统分析，结果显示，国家食品安全示范城市创建为厘清四个关系构建了逻辑关系框架，即食品安全与产业发展的关系、公众参与与食品安全满意度的关系、示范城市创建与城市品牌塑造的关系、食品安全治理与城市可持续发展的关系。

上述四个关系的解构与建构，再次强调了食品安全治理现代化过程中系统论在整体上的协调和功能上的发挥，并且，从本书的七个案例中，我们找到了试点城市三大核心能力的建设路径，即政府治理能力、企业履责能力、社会参与能力。这是食品安全治理现代化进程中必不可少的能力建设，是新时代食品安全治理体系的重要基石。

在课题研究和书稿撰写过程中，绍兴市市场监督管理局局长王永明有一句口头禅："个性问题一事一改，共性问题建章立制。"我觉得他通俗易懂地凝练了案例研究的目的和作用，其实我们就是希望通过解剖麻雀，总结经验、把握规律、解决问题，推动制度设计和规则优化。我问道："建章立制之后怎么办？"王永明局长说："那就用制度检查执行，用整改体现成效。"他以此简明扼要地阐释了绩效导向和持续改进的管理思想。就这样，绍兴市局和东方君和联合课题组力图在书中始终贯穿食品安全科学监管与社会共治制度化的逻辑和价值。

毋庸置疑，食品安全的责任不是某一群人、某一个企业或某一个政府部门可以全部承担的，而是全社会共同的责任。其中，食品生产经营企业、政府部门、学术界、媒体和消费者是担负食品安全责任的五大支柱。他们要通力合作、透明互信，在制度层面形成社会共治的格局，这样才能构建善治、良治的食品安全保障体系。这五大支柱的角色和功能发挥，以及相关制度设计的过程，在书中七个案例中都清晰可辨。

最近，总是回顾《食品安全科学监管与多元共治创新案例》的成书过程，过程与成果同等宝贵。课题组思行合一，全程体现共治思想。一是以跨学科、跨领域的方式组建课题组，二是以政产学研一体化方式建立协同创新机制，促进了知识创新和实践创新，有利于研究成果的应用转化。难以忘怀的是，我们的学术专家、政策专家、监管专家和管理咨询专家，在5个多月的日日夜夜里历经思想碰撞、观点交锋、知识聚合，使我们5年来的食品安全战略研究和国家食品安全示范城市创建绩效评估实践获得了更为严谨的知识体系支撑；在与绍兴市市场监督管理局的协同协作中，我们也进化得更加脚踏实地、求真务实。

在这里，本应有一张长长的致谢名单，联合课题组所有的工作人员、指导专家、评审专家、出版社，还有那些经常在节假日休息时间被我的各种问题、讨论和请教打扰的师友们，他们为本书的出版提供了无私的帮助。但是，我觉得不必一一列出致谢名单了，每一位师长、朋友、伙伴在我们成长中的每一步始终如影随形，我视如珍宝，指名道姓反倒觉得多余、做作。不如，我们借此机会先向国务院食安办的领导和前辈们致敬，他们是新时代食品安全治理体系的建设者，没有食安办的信任和支持，我们的理想就是无本之木；其次，向各试点城市的基层领导和工作人员致敬，他们是食品安全科学监管与社会共治的实践者，没有他们的创新创造，我们的研究就是无源之水。

当然，最应该致敬的，是我们身处的大时代。2014年是中国第三方评估的元年，国家首次对一些重点政策的执行情况进行第三方评估。这是一个重大的创新，它使东方君和有机会以一个专业化"看门人"的角色，站在食品安全共治的舞台上，为解决问题、推动创新、创造价值贡献一己之力。

最后，衷心感谢读者朋友的关注和陪伴。我们所能回报的，就是把国家食品安全示范城市创建案例及食品安全相关专题研究高质量地持续下去，拟以系列丛书的形式与各界交流互鉴，传播新知、增进共识、推动实践。

是为记。

张晓

2019年5月19日于北京